萬年不敗！
1個模型就能做
無敵美味
棒蛋糕

加藤里名

CAKE

CAKE À L'HUILE

FINANCIER

SHORTCAKE

KASUTERA

PAIN VAPEUR

CHEESECAKE

TERRINE DE CHOCOLAT

BROWNIE

CRÈME CARAMEL

GELÉE

MIZUYOKAN

CAKE SALÉ

GALETTE BRETONNE

ICE CREAM CAKE

INTRODUCTION

前言

　　睜眼醒來，房內充滿著奶油和麵粉的香氣。小時候，媽媽經常為我烘焙磅蛋糕取代早餐的麵包。經常賴床的我，往往會被這股香氣吸引地飛身下床，芬芳地迎接幸福的一天。對我而言，磅蛋糕總是伴隨著傾巢而出的童年記憶。

　　長大後自己也開始製作糕點，磅蛋糕當然立刻成了我最喜愛的糕點。可以利用既有的材料製作，配方也簡單易記。磅蛋糕的「磅 pound」，原本是「1磅（約450g）」的意思，即是奶油、麵粉、雞蛋、砂糖，各使用等量1磅而來。法文稱磅蛋糕「quatre-quarts」，這個單字是「四分之四」的意思，由此可知命名的概念幾乎是一樣地，在日本也有「四同割（四等分）」的名稱。

　　越做越能瞭解磅蛋糕其中的奧妙。它是款簡單的糕點，但是只要有一點點混拌方法的差別，烘焙出的成品就會截然不同，麵糊可以增添自己喜歡的風味、混拌不同的食材，就能做出宛如不同糕點的成品。它的魅力，讓我完全深陷其中。

在這一路摸索研究而成，就是本書中介紹將部分奶油置換成液體油的配方。基本上磅蛋糕是一種品嚐奶油濃郁風味的糕點，但隨著時代的變化，用液體油替換奶油的需求也隨之增加。另一個最大的優點是不容易失敗，雖然用液體油製作磅蛋糕已然成為基本法，但有風味略為淡薄的弱點。

於是，將奶油和液體油二種油脂成分混合來製作磅蛋糕，就成為能各取其優點的配方。即使不使用手持電動攪拌機也不容易分離，能產生某個程度的膨脹，保持鬆軟的口感，同時又能品嚐出奶油紮實的風味。非常希望能將這樣的食譜分享給大家，正是本書的首要動機。

其次，希望能讓大家瞭解磅蛋糕模的萬能性。磅蛋糕模能製作的不僅只是磅蛋糕而已。可以用來烘焙一般需要專用模型製作的費南雪，也能用於水羊羹般的日式糕點，冰淇淋蛋糕或是果凍等冰涼的甜點也能應用自如。輕巧簡便容易保存的磅蛋糕模，只要有一個，就能無窮變化出一年四季皆能享用的糕點。

用磅蛋糕模獨特形狀製作出的糕點，無論哪種都美味得令人欣喜，愛不釋手。本書中以「潤澤口感」、「膨鬆柔軟」、「沈甸紮實」、「Q軟彈牙」這四大類來區分，介紹15個種類，共有45道食譜。儘可能收錄最多配方，希望大家不僅在寒冷季節烘烤點心，在暖熱的季節也能享受冰涼的甜點。請大家持續不斷地體驗製作的樂趣。

加藤里名

SOMMAIRE

潤澤口感
CAKE
［磅蛋糕］

CAKE À L'HUILE
［不使用奶油的磅蛋糕］

FINANCIER
［費南雪］

膨鬆柔軟
SHORTCAKE
［海綿蛋糕］

KASUTERA
［Castella 長崎蛋糕］

PAIN VAPEUR
［蒸蛋糕］

除此之外還有更多①
CAKE SALÉ
［鹹蛋糕］

沈甸紮實
CHEESECAKE
［起司蛋糕］

TERRINE DE CHOCOLAT
［巧克力法式凍糕］

BROWNIE
［布朗尼］

Q軟彈牙
CRÈME CARAMEL
［焦糖布丁］

GELÉE
［果凍］

MIZUYOKAN
［水羊羹］

除此之外還有更多②
GALETTE BRETONNE
［布列塔尼酥餅］

除此之外還有更多③
ICE CREAM CAKE
［冰淇淋蛋糕］

MOULE

關於磅蛋糕模型

8cm

7cm

17.4cm

16.4cm

6cm

本書使用
不鏽鋼製18cm
磅蛋糕模型。

· 本書的食譜配方皆吻合18cm磅蛋糕模1個的份量。推薦使用富澤商店「不鏽鋼附蓋磅蛋糕模／小」等。

· 質地建議使用不鏽鋼製品。馬口鐵製品在裝入材料放進冷藏的食譜時，容易產生鐵鏽，請避免使用。矽膠製品不易受熱，也請避免。

· 模型的接縫鬆脫，容易漏出時，請在底部及側邊，包覆鋁箔紙後使用。

<參考> 不同尺寸模型的材料比例表

用不同尺寸的磅蛋糕模製作時，請參考以下材料份量及烘烤時間對照表。僅供參考，請務必仔細確認烘焙時的狀況。

	12cm型	15cm型	18cm型	21cm型	24cm型
材料份量	1/2	4/5	×1	×1.2	×1.3
混拌時間·次數	-10次	-5次	×1	+5次	+10次
烘焙時間	-10分鐘	-5分鐘	×1	+5分鐘	+10分鐘

* 以 p.10「香草磅蛋糕」爲基準計算。其他的食譜配方有可能需要進行微調。

* 麵糊放入的上限是模型高度的8分滿。多出來的可以另外放入烤盅一起烘烤。

I 模型鋪烤盤紙的方法

基本上需要鋪入烤盤紙再倒入麵糊，烘焙完成的蛋糕取出會更輕鬆。
請選用表面非光滑、略有粗糙的烤盤紙。

1 將烤盤紙裁成30×22cm大小，在中央擺放模型。

2 吻合一側長邊的底部輕輕折出折紋，取走模型，配合折紋確實折壓。其餘的長邊、短邊，皆同樣輕輕折出折紋後，再確實折壓。

3 如照片般在4個位置裁出切口。

4 放入模型，使切口折入的部分在內側。

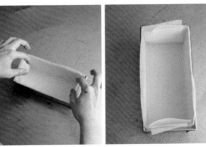

5 邊角以手指按壓，使烤盤紙不致浮起確實鋪放。

II 放入麵糊前

蘸取少量的麵糊取代漿糊固定四邊的烤盤紙，可以更容易倒入麵糊。

III 用鋁箔紙覆蓋

麵糊較鬆散或是需要隔水烘焙時，會包覆鋁箔紙。可以防止麵糊漏出或熱水進入模型中。

INGRÉDIENTS

本書中使用的主要材料。
請視爲基本準則來參考。

關於材料

低筋麵粉

使用的是能做出質地細緻、輕盈口感，糕點專用的「特級紫羅蘭粉 Super Violet」。特別是磅蛋糕、費南雪等，適合粉量較多的食譜。使用「紫羅蘭粉 Violet」也沒關係，但請避免使用會改變口感的其他麵粉。

奶油

使用的是無鹽奶油。主要用於烘烤點心，可以增加豐富的香氣及濃郁風味。沒有非使用發酵奶油的必要。準備步驟中若有「回復常溫」的標示，請將奶油放置成手指可輕易按壓凹陷的柔軟度。

雞蛋

有全蛋、或是分爲蛋白和蛋黃來使用。本書中，使用的是 M 尺寸、1顆實際重量50g（蛋黃20g、蛋白30g）的雞蛋，尺寸不同時，請以重量爲準。儘可能使用新鮮的雞蛋吧。

砂糖

配合食譜配方，分成上白糖、細砂糖、三溫糖、黑糖（粉狀）來使用。細砂糖可用上白糖替代，三溫糖用上白糖或細砂糖來代用也沒關係。黑糖請務必使用粉狀製品。

泡打粉

用於磅蛋糕等，使麵糊膨大、鼓脹地完成烘焙的膨脹劑。使用過多時會產生苦味，請嚴守份量。

液體油

本書中使用的是沙拉油，但冷壓太白芝麻油或米糠油等，只要是沒有特殊氣味的液體油，都可以代用。

杏仁粉

用於費南雪等製作，是杏仁果製成的粉。可以增添豐富的滋味，也能讓費南雪呈現潤澤的口感。

蜂蜜

費南雪或長崎蛋糕等，想要潤澤地完成時，會與砂糖合併使用，可選擇個人喜好的風味。

牛奶

用於焦糖布丁等。想要紮實地添加濃郁及風味，因此請使用一般的牛奶。低脂或脫脂牛奶會影響風味，請避免使用。

鮮奶油

建議使用乳脂肪成分35～38%的產品。40%以上雖然風味濃郁，但卻容易產生分離。植物性鮮奶油會改變成品的味道，請勿使用。

香草莢醬（Vanilla Bean Paste）

在烘焙材料行等可以購得。1g的香草莢醬可以用5滴的香草油來代用，香草精一旦加熱會使香氣揮發，不建議使用。

USTENSILES

糕點製作上，混拌時也區分成幾款工具。
這個環節就是美味製作最重要的關鍵。

關於工具

橡皮刮刀

具有彈性且耐熱的矽膠製品
非常方便使用。雖然主要用
於大動作切拌麵糊，但也用
於平整放入模型內的麵糊表
面、或鮮奶油的裝飾等。

攪拌器

用於使麵糊飽含空氣地混
拌時。若是製作少量的打
發鮮奶油，用攪拌器也沒問
題。建議選擇不鏽鋼材質的
鋼圈。

手持電動攪拌機

製作蛋白霜或打發鮮奶油
等，需要長時間攪拌時，
就會使用手持電動攪拌機。
依機種不同，馬力也各有差
異，因此請務必視攪打狀態
來判斷完成與否。

萬用網篩

過篩粉類時、過濾材料等使
用。網篩的網目較細，完成
的成品也會較細緻。雙層濾
網的網篩容易阻塞，所以請
避免使用。

缽盆

製作麵糊時，建議使用直
徑21cm左右的不鏽鋼製缽
盆。另外，製作打發鮮奶
油等也能使用的略小型缽
盆，若能多準備幾個會更
方便。

毛刷

在烘焙完成的蛋糕表面刷
塗果醬或糖漿、糖衣等各
種用途。因容易蘸染氣味，
使用後請充分清洗晾乾。

《本書其他的規則》

- 材料的份量都是實際重量。水
  果、蔬菜、雞蛋等，請除去不
  使用的部分後測量，再進行
  製作。

- 檸檬、柳橙等柑橘類，請使
  用無採收後處理（Post-Harvest
  Treatment）的果實。

- 所謂「常溫」，大約是18℃。

- 烤箱使用的是旋風電烤箱。烘
  焙溫度、時間因機種而有所差
  異，因此請一邊觀察狀態一邊
  進行烘焙與調整。烤箱的火力
  較弱時，請將烘焙溫度提高
  10℃。

- 微波爐沒有特別標示時，表示
  使用600W的功率。

CAKE

磅蛋糕

幾乎使用相等份量的奶油、砂糖、雞蛋、粉類混拌製成，
是最經典的烘烤點心，也可以變化各種喜好的風味或材料組合，
因此越是深入瞭解越會被它的魅力所吸引。
一開始先確實軟化奶油，就是成功的秘訣。

〔基本〕 香草磅蛋糕→ p.12

覆盆子磅蛋糕→p.13

基本

香草磅蛋糕

調整成任何人都能完成的潤澤口感、成品膨鬆柔軟的麵糊。
這其中的秘密就在於沙拉油。通常，磅蛋糕是用奶油製作，
但這裡在配方上花點心思，將部分奶油置換成沙拉油。在保持奶油的風味及潤澤口感的同時，
也能不使用手持電動攪拌機就完成，而且還不容易失敗，真是一石二鳥。

【材料與事前準備】

奶油（無鹽）…80g
　▶回復常溫ⓐ
香草莢醬（Vanilla Bean Paste）…1g
沙拉油…30g
上白糖…100g
全蛋…2顆（100g）
　▶回復常溫攪散

A
　低筋麵粉…110g
　泡打粉…2g

＊ 將烤盤紙舖入模型（→ p.7）。
＊ 在恰到好處的時機，連同烤盤一起
　以180℃預熱。

1 在缽盆中放入奶油和香草莢醬，用攪拌器混拌約1分鐘至滑順為止，加入沙拉油混拌1分鐘至完全融合。

2 加入上白糖，摩擦般混拌約1分30秒，至完全滲入顏色、發白為止ⓑ。

3 雞蛋分四次加入ⓒ，每次加入後都摩擦般混拌至產生光澤。

4 混合 A，過篩同時加入ⓓ，單手邊轉動缽盆，邊用橡皮刮刀由底部大動作翻起地混拌全體約20次ⓔⓕ。刮落側邊的麵糊，同樣再混拌約10次。至粉類完全消失，產生光澤就 OK 了。

5 將**4**放入模型中，使中央處呈凹陷狀ⓖ，放入預熱後降溫至170℃的烤箱約45分鐘。烘烤約10分鐘後，用水蘸濕的刀子在中央處劃入切紋ⓗ。

6 刺入的竹籤沒有蘸上任何材料時，即已完成。從約10cm高的位置將蛋糕連同模型摔落至工作檯約二次，之後連同烤盤紙一起取出，置於網架上冷卻。

[note]

• 在**6**的步驟中，若竹籤上蘸有麵糊時，要放回烤箱中，邊視情況邊以5分鐘為單位追加烘烤。置於網架時，即可以除去烤盤紙。

• 用保鮮膜包覆後，置於陰涼處（夏季則為冷藏室）保存。可保存4天（添加新鮮水果時約3天）。

• 完成烘焙時，立刻刷塗糖漿可以讓蛋糕不容易乾硬，存放時間也可以長達約一週，也推薦作為餽贈的禮物。在小鍋中放入水和上白糖各50g，大火煮沸後溶化上白糖，放入耐熱缽盆中冷卻，在磅蛋糕完成時，趁熱用毛刷刷塗於表面與側面ⓘ，放涼即 OK。

覆盆子磅蛋糕

豐富蛋糕的外觀！又能彰顯出風味。

【材料與事前準備】

奶油（無鹽）…80g
　▶回復常溫
沙拉油…30g
上白糖…100g
全蛋…2顆（100g）
　▶回復常溫攪散

A
　低筋麵粉…110g
　泡打粉…2g
冷凍覆盆子…70g
　▶用又子輕輕搗碎，放入冷凍室備用
覆盆子果醬
　冷凍覆盆子…100g
　上白糖…50g
　檸檬汁…5g
綠開心果碎…適量
　▶切碎

＊將烤盤紙舖入模型（→ p.7）。
＊在恰到好處的時機，連同烤盤一起以180℃預熱。

1　與〔香草磅蛋糕〕的步驟**1**～**6**相同地製作。在步驟**1**時不添加香草莢醬。在步驟**4**，刮落側邊的麵糊後，加入覆盆子再混拌約10次。步驟**5**的烘焙時間約是50分鐘。

2　製作覆盆子果醬。在小鍋中放入覆盆子、上白糖、檸檬汁，用中火加熱，煮至沸騰後，轉爲小火，用橡皮刮刀邊混拌邊熬煮約5分鐘。產生濃稠流動狀至橡皮刮刀劃過會留下痕跡時，就 OK 了。

3　用毛刷將**2**的覆盆子果醬（溫熱的）刷塗在**1**的表面ⓐ，撒上開心果碎，晾乾果醬。

[note]

・覆盆子果醬也可以使用市售品，但自己手工製作的比較能呈現漂亮的顏色。

果醬已冷卻或使用市售果醬時，爲了使果醬刷塗後容易附著，務必先用鍋子溫熱後再刷塗。

手指可輕易按壓至其中的柔軟度。這個很重要！

步驟**1**～**3**使用手持電動攪拌機也 OK。確實融合，若殘留砂糖顆粒可能會有無法膨脹的狀況。

避免分離地分次添加。一旦產生分離，先加入1/5份量的低筋麵粉，使其融合。

使用萬用網篩或粉篩等，使其不容易結塊。請在事前預備的階段先過篩備用。

單手將鉢盆朝自己的方向轉，同時以寫「の」字般地將麵糊由底部舀起翻拌。注意避免過度攪拌。

中央略呈凹陷狀更容易均勻受熱。烤箱若有分上下層，要放置在下層烘烤。

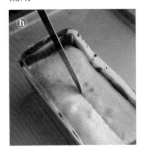

過程中，劃入深1cm左右的切紋，可以使中央更漂亮地膨脹起來。刀子先濕濕才不會蘸上麵糊。

蘋果伯爵茶磅蛋糕

伯爵茶風味的蛋糕。
蘋果的酸甜更是畫龍點睛。

【材料與事前準備】

奶油（無鹽）…80g
　▶回復常溫
沙拉油…30g
三溫糖…100g
全蛋…2顆（100g）
　▶回復常溫攪散

A
　低筋麵粉…110g
　泡打粉…2g
　紅茶茶葉（伯爵茶茶包）…2包（4g）
　　▶由茶包中取出茶葉ⓐ

B
　蘋果…1/2顆
　　▶去芯、帶皮縱向切成3mm寬
　三溫糖…10g
　檸檬汁…10g
　▶將三溫糖和檸檬汁撒在蘋果上

＊將烤盤紙鋪入模型（→ p.7）。
＊在恰到好處的時機，連同烤盤
　一起以180℃預熱。

茶包內的茶葉粒子
較細，因此最適合
混拌至麵糊中。

1 在缽盆中放入奶油，用攪拌器混拌約
1分鐘至滑順為止，加入沙拉油混拌
1分鐘至完全融合。

2 加入三溫糖，摩擦般混拌約1分30秒，
至完全滲入，顏色發白為止。

3 雞蛋分四次加入，每次加入後都摩擦般
混拌至產生光澤。

4 混合 **A**，過篩同時加入，單手邊轉動
缽盆，邊用橡皮刮刀由底部大動作翻起
地混拌全體約20次。刮落側邊的麵糊，
同樣再混拌約10次。至粉類完全消失，
產生光澤就 OK 了。

5 將**4**放入模型中，使中央處呈凹陷狀，
將 **B** 等分成4份，以蘋果皮朝上、相同
間隔地斜插入麵糊。放入預熱後降溫至
170℃的烤箱烤約50分鐘。

6 刺入的竹籤沒有蘸上任何材料時，即已
完成。從約10cm高的位置將蛋糕連同
模型摔落至工作檯二次，之後連同烤盤
紙一起取出，置於網架上冷卻。

[note]

・非茶包的紅茶，茶葉片較大時，可以
　放入塑膠袋內，以擀麵棍碾細。大吉
　嶺紅茶也很適合。

・蘋果用個人喜歡品種也 OK。

栗子磅蛋糕

果然酥粒的口感最能搭配磅蛋糕！
砂糖改用黑糖，更能品嚐醇厚的風味。

【材料與事前準備】

酥粒（crumble）
  低筋麵粉…30g
  杏仁粉…20g
  黑糖（粉狀）…20g
  奶油（無鹽）…20g
  ▶切成1cm方塊，置於冷藏室備用
奶油（無鹽）…80g
  ▶回復常溫
沙拉油…30g
黑糖（粉狀）…100g
全蛋…2顆（100g）
  ▶回復常溫攪散
A
  低筋麵粉…90g
  杏仁粉…20g
  泡打粉…2g
澀皮煮栗子…90g＋10g
  ▶各別切成1cm的方塊

＊將烤盤紙舖入模型（→ p.7）。
＊在恰到好處的時機，連同烤盤一起以
  180℃預熱。

酥粒大小不一沒有
關係。有大有小能
增加視覺變化也更
具口感。

1 製作酥粒。在缽盆中放入低筋麵粉、杏仁粉、黑糖混合後過篩，加入奶油，用指尖壓碎奶油般地搓拌。待全體混合成鬆散狀後，適量地輕輕抓握成1cm大小的塊狀ⓐ，放入冷凍室備用。

2 在另外的缽盆中放入奶油，用攪拌器混拌約1分鐘至滑順，加入沙拉油混拌1分鐘至完全融合。

3 加入黑糖，摩擦般混拌約1分30秒，至完全滲入呈鬆散狀為止。

4 雞蛋分四次加入，每次加入後都摩擦般混拌至產生光澤。

5 混合A，過篩同時加入，單手邊轉動缽盆，邊用橡皮刮刀由底部大動作翻起地混拌全體約20次。刮落側邊的麵糊，加入90g澀皮煮栗子，同樣再混拌約10次。至粉類完全消失，產生光澤就OK了。

6 將5放入模型中，使中央處呈凹陷狀，均勻撒上1的酥粒和10g的澀皮煮栗子。放入預熱後降溫至170℃的烤箱烤約50分鐘。

7 刺入的竹籤沒有蘸上任何材料時，即已完成。從約10cm高的位置將蛋糕連同模型摔落至工作檯二次，之後連同烤盤紙一起取出，置於網架上冷卻。

[note]

· 與栗子絕配的杏仁粉和黑糖，共譜出深刻的美味。杏仁粉的風味更能烘托突顯出自然的香甜。

果乾磅蛋糕

「CAKE」在法文指的就是
擺放著果乾與堅果的磅蛋糕。
是全世界廣受喜愛的經典款，
更是百吃不膩的美味。

【材料與事前準備】

蘭姆酒漬果乾
　杏桃乾、無花果乾 … 各30g
　　▶各別澆淋熱水後瀝乾水份，切成1.5cm丁
　葡萄乾 … 30g
　　▶澆淋熱水瀝乾水份
　蘭姆酒 … 50g
　核桃（烤焙過）、糖漬櫻桃（紅色）… 各20g
　　▶各別對半分切
奶油（無鹽）… 80g
　▶回復常溫
沙拉油 … 30g
上白糖 … 100g
全蛋 … 2顆（100g）
　▶回復常溫攪散
A
　低筋麵粉 … 90g
　杏仁粉 … 20g
　泡打粉 … 2g
杏桃果醬 … 100g
杏桃乾、無花果乾 … 各20g
　▶各別用熱水澆淋瀝乾水份，對半切
核桃（烤焙過）、糖漬櫻桃（紅）… 各20g
　▶各別對半分切

＊將烤盤紙舖入模型（→ p.7）。
＊在恰到好處的時機，連同烤盤一起以180℃
　預熱。

[note]

・紮實地填滿果乾，是適合成人的磅蛋糕。

・蘭姆酒漬果乾略微溫熱，可以讓風味更加
　柔和。

1　製作蘭姆酒漬果乾。在小鍋中放入杏桃乾、
　無花果乾、葡萄乾、蘭姆酒，浸漬30分鐘以
　上。用中火加熱，煮至略微沸騰，移至耐熱
　缽盆中冷卻。加入核桃和糖漬櫻桃，混拌。

2　在缽盆中放入奶油，用攪拌器混拌約1分鐘
　至滑順為止，加入沙拉油混拌1分鐘至完全
　融合。

3　加入上白糖，摩擦般混拌約1分30秒，至
　完全滲入顏色變白為止。

4　雞蛋分四次加入，每次加入後都摩擦般混拌
　至產生光澤。

5　用濾網將1的蘭姆酒漬果乾瀝乾汁液。

6　將A混合過篩同時加入4中，單手邊轉動缽
　盆，邊用橡皮刮刀由底部大動作翻起地混拌
　全體約20次。刮落側邊的麵糊，加入5，同
　樣再混拌約10次。至粉類完全消失，產生
　光澤就 OK 了。

7　將6倒入模型中，使中央處呈凹陷狀，放入
　預熱後降溫至170℃的烤箱烤約50分鐘。烘
　烤約10分鐘後，用水蘸濕的刀子在中央處
　劃入切紋。

8　刺入的竹籤沒有蘸上任何材料時，即已完
　成。從約10cm高的位置將蛋糕連同模型摔
　落至工作檯二次，之後連同烤盤紙一起取
　出，置於網架上冷卻。

9　將杏桃果醬放入小鍋中，用橡皮刮刀邊混拌
　邊用中火煮至沸騰。

10　用毛刷將9（溫熱的）刷塗在8的表面及側面
　ⓐ。再用9刷塗在杏桃乾、無花果乾、核桃、
　糖漬櫻桃表面後，擺放在蛋糕上ⓑⓒ，
　晾乾果醬。

為防止蛋糕乾燥，
也更容易擺放果乾。

果乾與堅果也要刷塗，確實保留水份。

週末磅蛋糕

在週末享用而廣受歡迎的法式糕點。
特徵是檸檬的香氣、甜脆的糖衣與鬆軟的蛋糕質地。
與前5款磅蛋糕的配方不同，
採用海綿蛋糕體的製作方法。

【材料與事前準備】

A
奶油（無鹽）…80g
　▶回復常溫
蜂蜜 …10g
檸檬皮 …1顆
　▶僅使用表面黃色部分
檸檬汁 …10g
全蛋 … 2顆（100g）
　▶回復常溫
細砂糖 …80g
低筋麵粉 …90g
杏桃果醬 …100g
糖衣
　糖粉 …100g
　水 …10g
　檸檬汁 …10g
綠開心果碎 …5g
　▶切碎

* 將烤盤紙舖入模型（→ p.7）。
* 在恰到好處的時機，連同烤盤一起以180℃預熱。

1　將A放入缽盆，隔水加熱（70℃）融化奶
　　油，保持約40℃。

2　在另外的缽盆中放入雞蛋，用攪拌器輕輕攪
　　散，加入細砂糖。邊隔水加熱（70℃）邊摩
　　擦般混拌至材料完全融合，保持約40℃ⓐ。

3　停止隔水加熱2的缽盆，用手持電動攪拌
　　機以高速攪打約4分鐘。舀起時蛋糊落下
　　約3秒痕跡才會消失的程度，就OK了ⓑ。

4　將1澆淋在橡皮刮刀上，同時以圈狀淋入
　　缽盆，單手邊轉動缽盆，邊用橡皮刮刀大
　　動作舀起翻拌全體約40次，沒有奶油線條
　　出現即可。

5　邊過篩低筋麵粉邊分四次加入，每次加入
　　後都同樣混拌約20次ⓒ。至粉類完全消
　　失，產生光澤。

6　將5放入模型中平整表面，從約10cm高的
　　位置將麵糊連同模型摔落至工作檯二次。放
　　入預熱後降溫至170℃的烤箱烤約35分鐘。

7　刺入的竹籤沒有蘸上任何材料，即已完成。
　　從約10cm高的位置將蛋糕連同模型摔落至
　　工作檯二次，之後連同烤盤紙一起取出，
　　置於網架上冷卻。

8　再次放回模型中，切去高出模型的部分ⓓ。
　　切面朝下地放回網架上。

9　將杏桃果醬放入小鍋中，用橡皮刮刀邊混
　　拌邊用中火煮至沸騰。

10　用毛刷將9（溫熱的）刷塗在8的表面及側
　　面，晾乾果醬。

11　製作糖衣。過篩糖粉至缽盆中，加入水和
　　檸檬汁，用橡皮刮刀混拌約1分鐘至產生
　　光澤為止。

12　以200℃預熱烤箱。再將10連同網架一起
　　放在烤盤上，用毛刷將11的糖衣刷塗在表
　　面和側面。在表面撒綠開心果碎，用預熱
　　的烤箱加熱約2分鐘烘乾表面。

溫度過度升高時，雞蛋會凝固，務必要注意。

就是所謂的「緞帶狀」，要注意避免過度混拌。

4、5的混拌方法就是前5道配方中介紹的「の」字法。

上下翻面，是週末蛋糕一向的作法。為使底部呈現穩定狀態，切去凸出的部分。

[note]

・ 在步驟1奶油融化後就可以停止隔水加熱
　了。若冷卻時，在步驟4添加進材料前可以
　再略微隔水加熱一下。若直接以冷的狀態
　添加，奶油會很難與其他材料融合。避免
　破壞氣泡地澆淋在橡皮刮刀上再緩緩加入。

CAKE À L'HUILE

不使用奶油的磅蛋糕

以沙拉油取代奶油的麵糊。
雖然沒有像奶油般濃郁的風味，但只要混拌即可，
因此可以說即使初學者，也絕對不會失敗的食譜。
在美式烘焙中，像這樣的糕點很多，這裡介紹最適合的搭配組合。

〔基本〕 紅蘿蔔蛋糕→ p.24

香蕉蛋糕→p.25

紅蘿蔔蛋糕

巧妙活用紅蘿蔔的甜味，這款蛋糕最適合，
與糖霜搭配也特別出色。紅蘿蔔不需要磨成泥，
建議刨成細絲。膨鬆柔軟地完成。
砂糖改用三溫糖，以強調其中的濃郁香氣。

【材料與事前準備】

全蛋…2顆（100g）
　▶回復常溫
三溫糖…100g
沙拉油…100g
A
　低筋麵粉…130g
　肉桂粉…4g
　泡打粉…4g
紅蘿蔔…130g
　▶刨成細絲
葡萄乾…30g
　▶澆淋熱水瀝乾水份ⓐ

核桃（烤焙過）…30g＋10g
　▶各別切成粗粒
糖霜（frosting）
　奶油起司…100g
　　▶回復常溫
　細砂糖…25g

＊ 將烤盤紙舖入模型（→ p.7）。
＊ 在恰到好處的時機，連同烤盤一起
　 以190℃預熱。

1 在缽盆中放入雞蛋，用攪拌器輕輕攪散。加入三溫糖，摩擦般混拌約2分鐘至呈膨鬆狀態。

2 分三次加入沙拉油，每次加入後都摩擦般混拌至產生光澤ⓑ。

3 混合 A 過篩同時加入，單手邊轉動缽盆，邊用橡皮刮刀由底部大動作翻起地混拌全體約20次ⓒ。大約混拌至八成時，加入紅蘿蔔、葡萄乾、核桃30g，同樣混拌約10次ⓓ，至粉類完全消失，就 OK。

4 將**3**倒入模型中，平整表面，放入預熱後降溫至180℃的烤箱烤約45分鐘。

5 刺入的竹籤沒有蘸上任何材料時，即已完成ⓔ。從約10cm高的位置將蛋糕連同模型摔落至工作檯二次，之後連同烤盤紙一起取出，置於網架上冷卻ⓕ。

6 製作糖霜。在缽盆中放入奶油起司，用橡皮刮刀混拌至均勻的軟膏狀。加入細砂糖，用攪拌器以摩擦般混拌至完全融合ⓖ。

7 將**6**的糖霜鋪在**5**的表面，用橡皮刮刀均勻推展塗抹。包上保鮮膜ⓗ，置於冷藏室1小時以上使糖霜凝固，享用時撒上10g核桃。

[note]

· 清爽的風味，即使經過一段時間也不會乾燥粗糙，鮮少會失敗，很適合初學者。

· 即使沒有糖霜也很美味。若沒有三溫糖時，也可以用上白糖或細砂糖取代。

· 包覆保鮮膜，置於陰涼處（塗抹了糖霜就需放冷藏室）保存。可保存4天。

香蕉蛋糕

即使還未熟透的香蕉，只要焦糖化後都非常美味！

【材料與事前準備】

三溫糖⋯30g＋90g

香蕉⋯2根（260g）
　▶縱向對半分切，分成1又1/2根（200g）
　　和1/2根（60g）

全蛋⋯1顆（50g）
　▶回復常溫

沙拉油⋯50g

牛奶⋯40g

A
　低筋麵粉⋯150g
　泡打粉⋯4g

杏仁果（烤焙過）⋯30g
　▶切成粗粒

＊將烤盤紙舖入模型（→ p.7）。
＊在恰到好處的時機，連同烤盤一起以
　190℃預熱。

1　用中火加熱平底鍋，撒入三溫糖
　30g，糖上擺放香蕉1又1/2根。待三
　溫糖融化成焦糖色後，將香蕉翻面
　ⓐ，再加熱約1分鐘，取出至耐熱容
　器內。冷卻後用攪拌器搗碎。

2　與〔紅蘿蔔蛋糕〕步驟 1～5 相同地
　製作。在步驟 2，沙拉油之後加入牛
　奶，摩擦般混拌至融合。步驟 3 的食
　材改放入 1。步驟 4 平整麵糊後，放
　上1/2根香蕉，撒上杏仁果碎。

[note]

・香蕉本身的風味也會有所差異，特別
　是加入麵糊混拌的份量，請確實測量
　調整成200g。

藉由焦糖化香蕉使
風味更醇濃，即使
尚未完全熟成的香
蕉也能使用。

可能表面會有油質包覆，
因此用熱水澆淋除去。

分三次左右加入，確實攪
打至乳化。

單手將缽盆朝自己的方向
轉，同時以寫「の」字般，
將麵糊由底部舀起翻拌。

在仍有粉類殘留時，加入
紅蘿蔔等。一旦過度混拌
會使蛋糕變硬，必須多加
注意。

若竹籤上有濕麵糊，放回
烤箱中，邊視情況邊以5
分鐘爲單位追加烘烤。

擺放至網架時，即除去烤
盤紙。

看不見細砂糖顆粒即可。

用保鮮膜包覆使其定形。

南瓜香料磅蛋糕

最適合復活節的糕點。
肉桂和肉豆蔻交織出的清爽風味。
享用時以微波爐略略溫熱會更美味。

【材料與事前準備】

全蛋 … 2顆（100g）
　▶回復常溫
三溫糖 … 100g
沙拉油 … 100g
南瓜 … 去皮100g＋帶皮100g
　▶去皮100g切成1cm塊狀，放在耐熱容器內覆蓋保鮮膜，以微波加熱約4分鐘，用叉子搗成泥狀冷卻備用。帶皮的100g切成1cm塊狀，放在耐熱容器內覆蓋保鮮膜，以微波加熱約4分鐘後冷卻備用。

A
　低筋麵粉 … 130g
　肉桂粉 … 4g
　肉豆蔻 … 2g
　泡打粉 … 4g
綜合穀麥（Granola）… 30g

＊將烤盤紙舖入模型（→ p.7）。
＊在恰到好處的時機，連同烤盤一起以190℃預熱。

1 在缽盆中放入雞蛋，用攪拌器輕輕攪散。加入三溫糖，摩擦般混拌約2分鐘至呈膨鬆狀態。

2 分三次加入沙拉油，每次加入後都摩擦般混拌至完全融合，產生光澤。加入南瓜泥100g，混拌至全體融合。

3 混合 **A**，過篩同時加入，單手邊轉動缽盆，邊用橡皮刮刀由底部大動作翻起地混拌全體約20次。大約混拌至八成時，加入帶皮南瓜100g，同樣混拌約10次。至粉類完全消失，就 OK。

4 將**3**放入模型中，平整表面，撒上綜合穀麥。放入預熱後降溫至180℃的烤箱烤約45分鐘。

5 刺入的竹籤沒有蘸上任何材料時，即已完成。從約10cm高的位置將蛋糕連同模型摔落至工作檯二次，之後連同烤盤紙一起取出，置於網架上冷卻。

[note]

・綜合穀麥是為了增加口感的變化，沒有也沒關係。

FINANCIER

費南雪

基本

原味費南雪 → p.30

「費南雪 financier」是法文「金融家」的意思，
獨特的外觀據說是象徵金塊的形狀。
在此試著用磅蛋糕模烘烤出費南雪。
因體積較大，不但杏仁的豐富香氣不變，還能烘焙出更潤澤、更鬆軟的口感。
食譜已經調整成使用磅蛋糕模也輕易完成的配方了。

咖啡核桃費南雪→ p.31

原味費南雪

費南雪模改用磅蛋糕模的重點，就是略打發蛋白使成品
能漂亮地膨脹起來，同時使用略多的粉類。
「原味」的風味基礎就是焦化奶油，但這也正是費南雪的特徵。
部分砂糖使用蜂蜜，可以讓成品口感更加溫潤。

【材料與事前準備】

奶油（無鹽）…120g
蜂蜜 …25g
蛋白 …4個（120g）
　▶回復常溫
細砂糖 …120g
A
　┌ 杏仁粉 …60g
　└ 低筋麵粉 …60g
香草莢醬（Vanilla Bean Paste）…2g
杏仁片 …10g

＊將烤盤紙舖入模型（→ p.7）。
＊在恰到好處的時機，連同烤盤一起以190℃預熱。

1 在小鍋中放入奶油，用大火加熱，融化後改以中火邊加
熱邊用攪拌器混拌使其焦化。氣泡變小，沈澱物呈濃重
茶色時ⓐ，在鍋底墊冷水約30秒，使其降溫ⓑ，加入蜂
蜜混拌，保持約60℃。

2 缽盆中放入蛋白，用攪拌器確實攪散至呈現清晰明顯的
白色。加入細砂糖，以摩擦般混拌至產生稠度ⓒ。

3 混合 A 過篩，分四次左右加入，每次加入後都以劃圓般
的動作混拌約20次ⓓ。混拌完成後，再多混拌約20次左
右。至粉類完全消失即 OK。

4 將**1**分四次加入，每次加入後都以劃圓般的動作混拌約
20次ⓔ。加入香草莢醬，再混拌10次左右。

5 將**4**倒入模型中，撒上杏仁片ⓕ。放入預熱後降溫至
180℃的烤箱烤約40分鐘。烘烤約10分鐘後，用以水濕
潤的刀子在中央處劃入切紋ⓖ。

6 刺入的竹籤沒有蘸上任何材料時，即已完成。從約10cm
高的位置將蛋糕連同模型摔落至工作檯二次，之後連同
烤盤紙一起取出，置於網架上冷卻ⓗ。

[note]

・ 其餘的蛋黃可以用在布列塔尼酥餅（p.56）
或卡士達焦糖布丁（p.82）。

・ 用保鮮膜包覆後，置於陰涼處保存。可保
存5天。

咖啡核桃費南雪

在此使用融化奶油，比焦化奶油更輕鬆簡單。

【材料與事前準備】

奶油（無鹽）…100g
蜂蜜…25g
即溶咖啡…4g
　▶熱水10g溶解備用
蛋白…4個（120g）
　▶回復常溫
細砂糖…120g
A
├ 杏仁粉…60g
└ 低筋麵粉…70g
核桃（烤焙過）…80g
　▶切成粗粒
糖衣
├ 糖粉…60g
├ 即溶咖啡…2g
└ ▶熱水10g溶解備用

＊ 將烤盤紙舖入模型（→ p.7）。
＊ 在恰到好處的時機，連同烤盤一起以
　190℃預熱。

1　在耐熱缽盆中放入奶油和蜂蜜，包覆保鮮膜用微波加熱約2分鐘使其融化。加進以熱水溶解的即溶咖啡混拌ⓐ，再次包覆保鮮膜，使溫度保持約60℃。

2　與「原味費南雪」的步驟 2 ～ 6 相同。只是步驟 4 中，將1分成四次加入後，取代香草莢醬改加入核桃。步驟 5 不需擺放杏仁片，烘焙時間約是45分鐘。

3　製作糖衣。過篩糖粉至缽盆中，加入用熱水溶解的即溶咖啡，用橡皮刮刀混拌約1分鐘至產生光澤。

4　用湯匙將3澆淋至2的表面，直接晾乾。

[note]

・ 加入 1 的融化奶油時，若溫度降至60℃以下，可用微波爐重新加熱10 ～ 20秒。若以冷卻狀態添加會難以與麵糊融合。

將奶油完全融化。因爲添加了咖啡風味，因此不需使用焦化奶油就足夠美味了。

即使是餘溫也會繼續受熱，因此需要提早判斷。

停止加熱，防止過度焦化。完成的份量100g左右。

沒有必要打發。只要全體呈現略爲沈重狀態即可。

攪拌器以大動作圈狀方式混拌。確實進行混拌。

焦化奶油以溫熱狀態加入缽盆中。若低於60℃時，可以重新略微加熱。

提到費南雪想到的就是杏仁片。在烤焙時會一同加熱，因此杏仁片不需事前烘焙。

劃入深1cm的切紋，可以使中央處呈現漂亮的膨脹隆起。爲避免刀身沾黏麵糊先濡濕刀面。

完成烤焙後，立刻將烤模連同蛋糕摔落至工作檯，可防止烘焙收縮。放至網架的同時，除去烤盤紙。

金桔可可費南雪

香濃口感中，金桔的酸味與可可的苦味，
也能呈現鮮明的對比。在此同樣使用融化奶油就 OK。

【材料與事前準備】

糖煮金桔
　金桔…100g
　細砂糖…50g
　水…50g
奶油（無鹽）…100g
蜂蜜…25g
蛋白…4個（120g）
　▶回復常溫
細砂糖…120g
A
　杏仁粉…60g
　低筋麵粉…45g
　可可粉…15g

＊將烤盤紙舖入模型（→ p.7）。
＊在恰到好處的時機，連同烤盤
　一起以190℃預熱。

軟化金桔的同時也
確實加入甜味。

1　製作糖煮金桔。用竹籤在每顆金桔上
　刺出7個小孔，之後橫向對半分切，去
　籽。將金桔、細砂糖和水放入鍋中，用
　大火加熱至沸騰後，轉為小火蓋上落
　蓋，煮約10分鐘ⓐ。熄火後直接放至
　冷卻，瀝去糖漿後再對半分切。

2　在耐熱缽盆中放入奶油和蜂蜜，包覆保
　鮮膜用微波爐加熱約2分鐘融化。包覆
　保鮮膜的狀態下，使其保持約60℃。

3　在另外的缽盆中放入蛋白，用攪拌器確
　實攪散至呈現清晰明顯的白色。加入細
　砂糖，以摩擦般混拌至產生稠度。

4　混合A過篩，分四次左右加入，每次
　加入後都以劃圓的動作混拌約20次。
　混拌完成後，再多混拌約20次左右。
　至粉類完全消失即OK。

5　將2分四次加入，每次加入後都以劃圓
　的動作混拌約20次。

6　將5的1/2份量放入模型中，擺放1糖
　煮金桔的1/2份量。重覆一次這樣的步
　驟。放入預熱後降溫至180℃的烤箱烤
　約45分鐘。烘烤約10分鐘後，以用水
　濕潤的刀子在中央處劃入切紋。

7　刺入的竹籤沒有蘸上任何材料時，即已
　完成。從約10cm高的位置將蛋糕連同
　模型摔落至工作檯二次，之後連同烤盤
　紙一起取出，置於網架上冷卻。

[note]

・糖煮金桔的糖漿，可以兌入無糖氣泡
　水飲用，或是澆淋在優格上享用，非
　常美味。

・步驟5加入2的融化奶油時，若溫度
　降至60℃以下，可用微波爐重新加熱
　10～20秒。

CAKE SALÉ

鹹蛋糕

鹹味的磅蛋糕稱作「CAKE SALÉ」。
簡單就能製作，還能加入各式各樣的食材，
所以很適合作爲早餐或輕食午餐。
製作方法幾乎與「不使用奶油的磅蛋糕」相同。

臘腸洋蔥鹹蛋糕

可以嘗試使用各式不同的臘腸。

【材料與事前準備】

炒洋蔥

A
　橄欖油…1大匙
　大蒜…1瓣
　└　▶切成碎末
　洋蔥…1/2顆
　└　▶切成碎末

B
　全蛋… 2顆（100g）
　　▶回復常溫
　橄欖油…50g
　牛奶…50g
　鹽…2g
　粗碾黑胡椒…3g
　起司粉…30g

C
　低筋麵粉…130g
　└ 泡打粉…4g
長型臘腸…4條

蔬菜咖哩鹹蛋糕

添加塊狀蔬菜，美味飽足滿分

【材料與事前準備】

炒洋蔥

A
　└ 橄欖油…1大匙
　洋蔥…1/2顆
　└　▶切成碎末

B
　全蛋… 2顆（100g）
　　▶回復常溫
　橄欖油…50g
　牛奶…50g
　鹽…2g
　粗碾黑胡椒…3g
　起司粉…30g

C
　低筋麵粉…130g
　咖哩粉…3g
　└ 泡打粉…4g
馬鈴薯…1顆（120g）
　　▶切成1cm的小丁，沖水後瀝乾水份。放置在耐熱容器內覆蓋保鮮膜，用微波爐加熱約2分鐘。
綠花椰菜…50g
　　▶分成小株，放置在耐熱容器內覆蓋保鮮膜，用微波爐加熱約2分鐘後，瀝乾水份。

【共同的事前預備】

* 將烤盤紙舖入模型（→ p.7）。
* 在恰到好處的時機，連同烤盤一起以190℃預熱。

【共同的製作方法】

1　製作炒洋蔥。在平底鍋中放入 **A**，用中火加熱，加入洋蔥拌炒。至洋蔥變軟後，取出至方型淺盤中冷卻。

2　在缽盆中放入 **B**，用攪拌器混拌約20次至完全融合。加入**1**的炒洋蔥和起司粉，再混拌約20次ⓐ。

3　混合 **C** 過篩並加入缽盆ⓑ，單手邊轉動缽盆，邊用橡皮刮刀由底部大動作翻起地混拌全體約30次ⓒ，（「蔬菜咖哩鹹蛋糕」在混拌約20次時，加入馬鈴薯和綠花椰菜，再混拌約10次）。至粉類完全消失即 OK。

4　將**3**放入模型中，平整表面（「臘腸洋蔥鹹蛋糕」，則是放入**3**的1/2份量後，平整表面，放上2根臘腸。之後再次重覆步驟）。放入預熱後降溫至180℃的烤箱，烤約45分鐘。

5　刺入的竹籤沒有蘸上任何材料時，即已完成。從約10cm高的位置將蛋糕連同模型摔落至工作檯二次，之後連同烤盤紙一起取出，置於網架上冷卻。

[note]

・享用時，用微波爐略微溫熱後更美味。

・用保鮮膜包覆後，置於陰涼處保存，可保存3天。

待全部材料融合即 OK。

確實過篩粉類。若拌入咖哩粉等，麵糊也能更具風味。

在這個步驟製程上要注意避免過度混拌，一旦過度混拌會使口感變差。

SHORTCAKE

海綿蛋糕

日本人腦海中的「蛋糕」，首先浮現的必定是草莓海綿蛋糕吧。

名稱雖源自英文，但其實這款蛋糕是日本獨創的。

海綿蛋糕通常會做成圓形，但也可以用磅蛋糕模來製作。

除了裝飾很簡單之外，帶著稜角的海綿蛋糕，視覺上也很新奇獨特。約3～4人份。

基本

草莓海綿蛋糕→ p.38

摩卡風味海綿蛋糕 →p.39

基本

草莓海綿蛋糕

用1顆雞蛋就能製作的鬆軟海綿蛋糕體。重點在於最初確實打發、
放入粉類大動作混拌、避免破壞氣泡，儘快完成步驟吧。
水果可用個人喜好的種類，用季節性的水果替代也沒關係，請注意必須留意避免產生水份。

【材料與事前準備】

全蛋 1 顆（50g）
　▶回復常溫
細砂糖 …30g
低筋麵粉 …30g
A
　奶油（無鹽）…10g
　牛奶 …10g
　▶混合放入缽盆中，隔水加熱
　（約70℃）使其溶化，保持溫
　度約40℃ⓐ
糖漿
　水 …50g
　細砂糖 …50g

打發鮮奶油
　鮮奶油（乳脂肪成分36％）…150g
　細砂糖 …15g
草莓 4 顆＋3 顆
　▶4顆去蒂縱向對半分切、3顆連蒂
　頭縱向對半分切。
藍莓 …5 顆

＊ 將烤盤紙舖入模型（→ p.7）。
＊ 在恰到好處的時機，連同烤盤一起
　以180℃預熱。

1 在缽盆中放入雞蛋，用手持電動攪拌機的球狀攪拌棒輕輕攪散，加入細砂糖。邊隔水加熱（約70℃）邊摩擦般混拌至完全融合，保持約40℃ⓑ。

2 停止隔水加熱，用手持電動攪拌機高速攪打約3分鐘。舀起麵糊時，會沾裹在攪拌棒上，落下後約5秒才會消失的程度即OKⓒ。再轉為低速攪打約1分鐘，調整質地。

3 邊過篩低筋麵粉邊分二次加入，每次加入後都用單手邊轉動缽盆，邊用橡皮刮刀由底部大動作翻起地混拌全體約20次。待粉類消失即可。

4 在A的缽盆中加入約20g的**3**，用橡皮刮刀混拌後，倒回**3**，用單手邊轉動缽盆，邊用橡皮刮刀由底部大動作翻起地混拌全體約20次。

5 將**4**倒入模型後，平整表面，放入預熱後降溫至170℃的烤箱烤約20分鐘。

6 刺入的竹籤沒有蘸上任何麵糊時，即已完成。從約10cm高的位置將蛋糕連同模型摔落至工作檯二次，之後連同烤盤紙一起取出，置於網架上冷卻。

7 製作糖漿。在小鍋中放入水和細砂糖，用大火煮至沸騰，細砂糖溶化後，移至耐熱缽盆中冷卻。

8 製作打發鮮奶油。在缽盆中放入鮮奶油和細砂糖，在缽盆底部墊放冰水並同時用手持電動攪拌機打發約3分鐘。待變得濃稠，舀起時尖角略微向下垂的程度即可（七分打發）ⓓ。

9 將**6**的表面帶有烤色的部分薄薄地切除，再橫向分切成一半厚度ⓔ。用毛刷在下層的海綿蛋糕表面刷塗**7**的糖漿，舀上1/3分量**8**的打發鮮奶油，以橡皮刮刀推展塗抹。排放縱向對切的4顆草莓，草莓間隙再填滿1/3份量的鮮奶油ⓕ。

10 在上層海綿蛋糕的兩面都刷塗上**7**的糖漿，層疊在**9**的上方。放上**8**剩餘的打發鮮奶油，塗抹在全體表面ⓖ，置於冷藏室約1小時使其冷卻。薄薄地切除側面ⓗ，表面擺放帶著草莓蒂的草莓3顆和藍莓。

[note]

· 在冷藏室可保存2天（使用奶油霜 Buttercream 約可保存4天）。烤好的海綿蛋糕若不立刻使用，可用保鮮膜包覆，放置於陰涼處（夏季則為冷藏室）保存，可保存約2天。

摩卡風味海綿蛋糕

濃郁的奶油霜，充滿懷舊風的美味。

【材料與事前準備】

全蛋 … 1顆（50g）
　▶回復常溫
細砂糖 … 30g
低筋麵粉 … 30g
A
　奶油（無鹽）… 10g
　牛奶 … 10g
　▶混合放入缽盆中，隔水加
　熱（約70℃）使其溶化，保
　持溫度約40℃
糖漿
　水 … 50g
　細砂糖 … 50g
　即溶咖啡 … 3g

奶油霜（Buttercream）
　奶油（無鹽）… 80g
　　▶回復常溫
　糖粉 … 30g
　即溶咖啡 … 2g
　　▶熱水10g溶解備用
杏仁片（烤焙過）… 20g

＊將烤盤紙鋪入模型（→ p.7）。
＊在恰到好處的時機，連同烤盤一起
　以180℃預熱。

[note]

• 杏仁片若未烤焙過，先用以150℃
　預熱過的烤箱烤焙10分鐘後放涼
　冷卻。

1. 與「草莓海綿蛋糕」的步驟 **1**～**7**
   相同。在步驟 **7** 的小鍋中同時添加
   即溶咖啡。

2. 製作奶油霜。在缽盆中放入奶油，
   過篩糖粉加入，用手持電動攪拌機
   高速攪打約2分鐘。待全體顏色發白
   後，加入以熱水溶解的即溶咖啡，
   高速攪打約30秒 ⓐ。

3. 薄薄地切除海綿蛋糕表面帶有烤色
   的部分，再橫向分切成一半的厚度。
   兩面刷上糖漿，各上1/2份量的奶油
   霜，以橡皮刮刀推展塗抹。

4. 在上層海綿蛋糕的兩面刷塗上糖漿，
   層疊在 **3** 的上方。放上 **2** 剩餘的奶油
   霜，推展塗抹在表面，置於冷藏室
   約1小時使其冷卻。薄薄地切除側
   面，撒上杏仁片。

奶油預先放置呈柔
軟狀態。使其飽含
空氣地混拌，就能
得到輕盈的口感。

隔水加熱地使其緩慢融
化。步驟 **1**，待細砂糖
融合後，再次隔水加熱
A的缽盆，保持約40℃的
溫度。

為減少需要清洗的工具，
用手持電動攪拌機的球狀
攪拌棒混拌。至溫度比人
體肌膚略為溫熱即可。

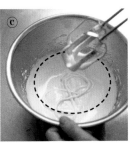

以手持電動攪拌機大動作
劃圓般攪打，至麵糊滴落
時不會立刻消失，就改成
低速。

硬度會在轉瞬間改變，因
此要不時地確認狀態。

建議使用鋸齒刀。切除表
面後，儘可能使厚度均勻
地橫向分切成2等分。

依照海綿蛋糕→糖漿→鮮
奶油→水果→鮮奶油→糖
漿→塗抹糖漿的海綿蛋糕
→鮮奶油的順序擺放。

用橡皮刮刀平整表面及長
方形的邊角，置於冷藏室
冷卻至打發鮮奶油定型。

為顧及完成時的美觀而切
除側邊，不切除也沒關係。

巧克力鳳梨蛋糕

麵糊中混入了可可粉，鮮奶油作成巧克力風味，
搭配酸甜的水果，不切除側邊，簡單就能完成。

【材料與事前準備】

全蛋…1顆（50g）
　▶回復常溫
細砂糖…30g

A
　低筋麵粉…25g
　可可粉…5g

B
　奶油（無鹽）…10g
　牛奶…10g
　▶混合放入缽盆中，隔水加熱（約70℃）
　使其溶化，保持溫度約40℃

糖漿
　水…50g
　細砂糖…50g

巧克力鮮奶油
　糕點用巧克力（牛奶）…50g
　鮮奶油（乳脂肪成分36%）…100g
　　▶使用前10分鐘才從冷藏室取出。

鳳梨（切塊）…100g
　▶切成略小的一口大小。

柳橙…1顆
　▶薄薄地切去上下兩端，縱向切除外皮。刀
　子劃入薄皮和果肉間，取出每瓣果肉，再對
　半分切。

薄荷葉…適量

＊將烤盤紙舖入模型（→ p.7）。
＊在恰到好處的時機，連同烤盤一起以180℃
　預熱。

[note]

・ 在溫熱時用手持電動攪拌機混拌巧克力鮮
　奶油容易分離，因此要用攪拌器混拌至
　冷卻。

・ 與「草莓海綿蛋糕」不同，表面烤色的部分
　不切除也 OK。

1　在缽盆中放入雞蛋，用手持電動攪拌機的球狀攪拌棒輕輕攪散，加入細砂糖。邊隔水加熱（約70℃）邊摩擦般混拌至完全融合，保持約40℃。

2　停止隔水加熱，用手持電動攪拌機高速攪打約3分鐘。舀起麵糊時，會沾裹在攪拌棒上，落下後約5秒後才會消失的程度即OK。再轉為低速混拌約1分鐘，調整質地。

3　混合A邊過篩低筋麵粉邊分二次加入，每次加入後都用單手邊轉動缽盆，邊用橡皮刮刀由底部大動作翻起地混拌全體約20次，待粉類消失即可。

4　在B的缽盆中加入約20g的3，用橡皮刮刀混拌後，倒回3的缽盆中。用單手邊轉動缽盆，邊用橡皮刮刀由底部大動作翻起地混拌全體約20次。

5　將4倒入模型後，平整表面，放入預熱後降溫至170℃的烤箱烤約20分鐘。

6　刺入的竹籤沒有蘸上任何材料時，即已完成。從約10cm高的位置將蛋糕連同模型摔落至工作檯二次，之後連同烤盤紙一起取出，置於網架上冷卻。

7　製作糖漿。在小鍋中放入水和細砂糖，用大火煮至沸騰，細砂糖溶化後，移至耐熱缽盆中冷卻。

8　製作巧克力鮮奶油。在耐熱缽盆中放入巧克力，不包覆保鮮膜地用微波爐加熱約1分鐘，溫熱至約50℃使其融化。分三次左右加入鮮奶油，每次加入後都用攪拌器混拌至全體融合。在缽盆底部墊放冰水，並同時用手持電動攪拌機高速打發約2分鐘。待變得濃稠，舀起時尖角略微向下垂的程度即可（七分打發）ⓐ。

9　將6的厚度橫向對半分切。在下層的海綿蛋糕表面刷塗7的糖漿，以橡皮刮刀舀上1/3份量8的打發巧克力鮮奶油，推展塗抹。排放1/2份量的鳳梨和柳橙，間隙再填滿1/3份量的打發巧克力鮮奶油ⓑ。

10　在上層海綿蛋糕的兩面都刷塗上7的糖漿，層疊在9的上方。舀上8剩餘的打發巧克力鮮奶油，推展塗抹在全體表面，擺放剩餘的鳳梨和柳橙，以薄荷葉裝飾。

融化巧克力加入鮮奶油中，製成巧克力風味的打發鮮奶油。比原味鮮奶油更快就會打發變硬，務必多加注意。

依照海綿蛋糕→糖漿→鮮奶油→水果→鮮奶油→糖漿→塗抹糖漿的海綿蛋糕→鮮奶油的順序擺放。

膨鬆柔軟②

KASUTERA
Castella 長崎蛋糕

日本戰國時代自葡萄牙傳入，是最常見的伴手禮糕點，
也能用磅蛋糕模製作。是打發蛋白霜的食譜，
但過度打發會造成過度膨脹，導致蛋糕表面龜裂，請務必多加注意。
雖然剛出爐也十分美味，但更推薦放涼後以保鮮膜包覆保存，
翌日再享用更出色。

基本

令人懷念的長崎蛋糕→ p.44

咖啡長崎蛋糕 → p.45

令人懷念的長崎蛋糕

這裡為大家介紹懷舊、滋味質樸的鬆軟長崎蛋糕。雞蛋的柔和風味令人放鬆。
不使用低筋麵粉而改用高筋麵粉，因此完成後不容易萎縮塌陷。
像市售品一般，將砂糖撒在舖有烤盤紙的模型底部，也非常美味。

【材料與事前準備】

蛋白霜
  蛋白 … 2顆（60g）
  ▶回復常溫
  上白糖 …60g
蛋黃 …2顆（40g）
  ▶放入缽盆回復常溫
A
  牛奶 …15g
  蜂蜜 …10g
  沙拉油 …10g
  ▶混合
高筋麵粉 …60g

* 將烤盤紙舖入模型（→ p.7）、用鋁箔紙雙層包覆底部及側面 ⓐ。
* 在恰到好處的時機，連同烤盤一起以170℃預熱。

1 製作蛋白霜。在缽盆中放入蛋白，用手持電動攪拌機高速打發約1分鐘。打發後分三次加入上白糖，每次加入後都高速打發約10秒。待全體融合後，再高速打發約1分30秒。舀起時，尖角大大垂下的程度即可 ⓑ。

2 用橡皮刮刀舀起1杓 **1** 的蛋白霜加入蛋黃缽盆中 ⓒ，彷彿要攪散蛋黃般混拌，再倒回 **1** 的缽盆中。單手邊轉動缽盆，邊由底部大動作翻起地混拌全體約20次，加入 **A** 同樣再混拌約20次。

3 邊過篩高筋麵粉邊分三次加入，每次加入後都同樣混拌約20次。待粉類消失，產生光澤即 OK ⓓ。

4 將 **3** 分三次倒入模型中，每次加入後都平整表面 ⓔ。用竹籤像要切開氣泡般以之字形滑動 ⓕ，放入預熱後降溫至160℃的烤箱烤25分鐘。若表面烤色過淡時，可以提高溫度至190℃，再烘烤約5分鐘。

5 刺入的竹籤沒有蘸上任何材料時，即已完成。從約10cm高的位置將蛋糕連同模型摔落至工作檯二次，連同模型一起倒扣至另一張烤盤紙上脫模，除去舖在模型內的烤盤紙。待降溫後，用保鮮膜包覆，直接放至冷卻 ⓖ。享用時薄薄地切除側面表皮 ⓗ。

[note]

· 高筋麵粉使用的是「Camellia日清山茶花」。

· 麵糊的特性，一旦烘烤表面會略有裂紋感。此時，請開闔幾次烤箱門，略微降低溫度。

· 冷卻時，若是放在網架上會導致沾黏，因此不使用網架。

· 包覆保鮮膜，常溫保存。約可保存一週左右。

咖啡長崎蛋糕

再搭配上打發鮮奶油，就是提拉米蘇般的糕點了。

【材料與事前準備】

蛋白霜
  蛋白 … 2顆（60g）
  ▶回復常溫
  上白糖 …60g
蛋黃 …2顆（40g）
  ▶放入缽盆回復常溫
A
  牛奶 …15g
  即溶咖啡 …4g
  蜂蜜 …10g
  沙拉油 …10g
  ▶在耐熱容器內放入牛奶、即溶咖啡，不覆蓋保鮮膜用微波爐加熱10～20秒後混拌，使咖啡溶化。加入蜂蜜和沙拉油混拌。
高筋麵粉 …60g

打發鮮奶油
  鮮奶油（乳脂肪成分）…50g
  細砂糖 …5g
可可粉 … 適量

＊ 將烤盤紙舖入模型（→ p.7）、用鋁箔紙雙層包覆底部及側面。

＊ 在恰到好處的時機，連同烤盤一起以170℃預熱。

[note]

・ 高筋麵粉使用的是「Camellia 日清山茶花」。

・ 能品嚐出咖啡風味的西式長崎蛋糕，可依個人喜好搭配打發鮮奶油和可可粉。

1　與「令人懷念的長崎蛋糕」步驟 **1** ～ **5** 相同。

2　製作打發鮮奶油。在缽盆中放入鮮奶油和細砂糖，在底部墊放冰水，同時用攪拌器打發。待呈現濃稠，舀起落下後立刻會消失的程度即可（六分打發）。

3　將長崎蛋糕分切成方便享用的大小，盛盤。舀上 **2** 的打發鮮奶油，以茶葉濾網篩撒可可粉。

希望能緩慢受熱，因此在底部和側邊都包覆2層鋁箔紙。

若過度打發，在烘烤過程中會急速膨脹、超出模型，也容易很快就萎縮塌陷，請多注意。

蛋黃中混拌少量蛋白霜後再倒回，能更容易融合也較不易分離。

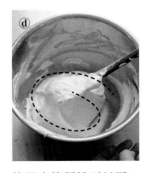
使用高筋麵粉可以更Q綿，烘焙完成後也較不易塌陷。請避免破壞蛋白霜地混拌。

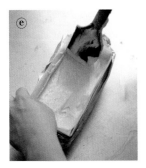
為避免倒入時產生大氣泡，分三次加入麵糊。

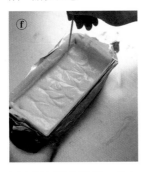
斜向細細滑動竹籤，藉由劃切開氣泡使成品質地更加細緻。

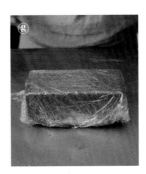
降溫後，立刻用保鮮膜包覆，常溫保存。

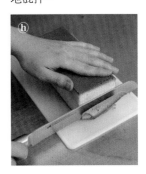
為了使整體看起來更像長崎蛋糕，會切除具烤色的側邊。當然直接享用也無妨。

台灣古早味蛋糕

膨鬆柔軟，同時又潤澤的獨特口感，
台灣古早味蛋糕就是以「隔水蒸烤」的方式製成。

【材料與事前準備】

沙拉油 …30g

A

低筋麵粉 …20g
高筋麵粉 …10g
泡打粉 …1g

牛奶 …30g
▶放入耐熱容器內，不覆蓋保鮮膜地
用微波爐加熱約10秒。

蛋黃 …2顆（40g）
▶回復常溫

蛋白霜
蛋白 …2顆（60g）
▶回復常溫
細砂糖 …40g

* 在模型內舖放高於模型2cm的烤盤
紙，用鋁箔紙雙層包覆底部及側面
ⓐ。
* 在方型淺盤內舖廚房紙巾。
* 在恰到好處的時機，連同烤盤一起
以150℃預熱。
* 煮沸隔水加熱用的熱水（份量外）冷
卻至50℃。

因麵糊會膨脹超出
模型，因而加高舖
放的烤盤紙。

低溫隔水蒸烤，可
以烘烤出口感潤澤
的成品。為使蒸氣
能均勻遍布，選用
較深且略大的方型
淺盤。

1 在耐熱缽盆中放入沙拉油，不覆蓋保鮮
膜地以微波爐加熱約20秒。混合 **A** 過
篩加入，用攪拌器混拌至全體融合，粉
類完全消失即 OK。

2 牛奶分四次加入，每次加入後都大動作
混拌。蛋黃每次1顆逐次加入，每次加
入後都摩擦般混拌約10次至全體融合。

3 製作蛋白霜。在另外的缽盆中放入蛋
白，用手持電動攪拌機高速打發約1分
鐘。打發後分三次加入細砂糖，每次加
入後都高速打發約10秒。待全體融合
後，再高速打發約2分鐘。舀起時，尖
角大大垂下的程度即可。

4 用橡皮刮刀舀起1杓**3**的蛋白霜加入**2**
的缽盆中，大動作混拌後，再全部倒回
3的缽盆中。單手邊轉動缽盆，邊由底
部大動作翻起地混拌全體約20次。

5 將**4**分三次倒入模型中，每次加入後都
平整表面。放入方型淺盤，注入約2cm
深的熱水ⓑ，放入預熱的烤箱烤約35
分鐘。

6 刺入的竹籤沒有蘸上任何材料時，即已
完成。從約10cm高的位置將蛋糕連同
模型摔落至工作檯二次，之後連同烤盤
紙一起取出，置於網架上冷卻。待降溫
後，用保鮮膜包覆，直接放至冷卻。

[note]

· 與「令人懷念的長崎蛋糕」相同，烘烤
完成後容易萎縮塌陷，因此請不要過
度打發蛋白霜。

PAIN VAPEUR

蒸蛋糕

{ 基本 }

黑糖番薯蒸蛋糕→p.50

很適合做爲孩子們點心的質樸蒸蛋糕。
用深鍋蒸不必使用烤箱，當然也能用蒸籠製作。
只要用攪拌器混拌材料，無論是誰都能不失敗地完成，是低難度的食譜。
用磅蛋糕模製作時，麵糊容量較大，因此要用大火蒸，使材料確實受熱。

薑汁甘酒蒸蛋糕→p.51

黑糖番薯蒸蛋糕

提引出番薯美味的香甜後韻！砂糖改用黑糖讓甜味更具深度。
添加食材時，不是混拌進麵糊中，而是在麵糊入模時，
各放一半在麵糊間及表面，以避免食材全部沈入底部。

【材料與事前準備】

全蛋⋯1顆（50g）
　▶回復常溫
黑糖（粉狀）⋯70g
牛奶⋯70g
A
　┌ 低筋麵粉⋯100g
　└ 泡打粉⋯4g
番薯⋯80g
　▶帶皮切成1cm的塊狀，泡水
　約10分鐘，用廚房紙巾拭去
　水份
炒香的黑芝麻⋯10g

* 將烤盤紙舖入模型（→ p.7）。
* 在恰到好處的時機，將蒸盤放入
　直徑20cm、深10cm的鍋中ⓐⓑ，
　煮沸2cm深的熱水。用布巾包覆
　鍋蓋。

1 在缽盆中放入雞蛋，用攪拌器輕輕攪散，依序加入黑糖、牛奶，每次加入後都攪拌至完全融合ⓒ。

2 混合 A 邊過篩邊分二次加入ⓓ，每次加入後都以劃圓般地混拌約20次，至粉類完全消失，產生光澤即可ⓔ。

3 將**2**的1/2份量倒入模型中，擺放1/2份量的番薯塊。再次重覆步驟ⓕ，撒上黑芝麻。入鍋蓋上鍋蓋ⓖ，用大火蒸約20分鐘。

4 刺入的竹籤沒有蘸上任何材料時，即已完成ⓗ。連同烤盤紙一起取出，置於網架上冷卻。

［note］

· 冷卻後立即用保鮮膜包覆，常溫保存。可保存3天（添加新鮮水果時約保存2天）。

薑汁甘酒蒸蛋糕

薑的香氣與金時豆就是風味的重點。

【材料與事前準備】

全蛋 …1顆（50g）
　▶回復常溫
上白糖 …50g
米麴製成的甘酒 …80g
牛奶 …30g
薑泥（市售軟管）…30g
A
　低筋麵粉 …100g
　泡打粉 …4g
金時豆（乾燥盒裝）…30g

＊ 將烤盤紙舖入模型（→ p.7）。
＊ 在恰到好處的時機，將蒸盤放入直徑
　 20cm、深10cm的鍋中，煮沸2cm深的
　 熱水。用布巾包覆鍋蓋。

1 與「黑糖番薯蒸蛋糕」的步驟 **1**～**4** 相同。步驟 **1** 的黑糖和牛奶，改爲依序加入上白糖、甘酒、牛奶、薑泥。步驟 **3** 的番薯，改用金時豆以同樣地式加入（不需加芝麻），用大火蒸約25分鐘。

[note]

· 薑泥用市售軟管，更輕鬆簡單，請依個人喜好調整份量。使用新鮮的薑，香氣更足、更強。

· 金時豆改用煮過的紅豆或黑豆也 OK。

使用的蒸盤是直徑7cm的商品。若沒有蒸盤時，可用較淺的耐熱容器倒扣放入鍋中。此時煮沸的熱水量要比耐熱容略低一點。

黑糖確實溶解後，加入牛奶混拌。

使用萬用網篩或粉篩，使粉類不易結塊。

過度混拌麵糊會變硬，因此必須留意待粉類消失後，就不要繼續混拌了。

若番薯等食材與麵糊一起混拌會沈入底部，因此在這個時間點才擺放。

避免水珠滴落，用布巾等包覆再使用。

若仍沾黏麵糊，請再放回鍋中蒸約5分鐘。

— 51 —

柑橘蒸蛋糕

搭配新鮮的水果也十分美味。風味單純的蒸蛋糕與樸實的柑橘眞是絕配。
突顯出酸甜感,是輕盈清新的滋味。

【材料與事前準備】

全蛋…1顆(50g)
　　▶回復常溫
柑橘…2顆
　　▶僅磨下柑橘皮表面的橙色部分。
　　剝除表皮、切入果囊取出果瓣。
上白糖…80g
原味優格(無糖)…70g
牛奶…30g
A
　低筋麵粉…100g
　泡打粉…4g

＊將烤盤紙舖入模型(→ p.7)。
＊在恰到好處的時機,將蒸盤放入直徑20cm、
　深10cm的鍋中,煮沸2cm深的熱水。用布
　巾包覆鍋蓋。

1 在缽盆中放入雞蛋,用攪拌器輕輕攪散,依序加入柑橘皮碎、上白糖、優格、牛奶,每次加入後都攪拌至完全融合。

2 混合 **A** 邊過篩邊分二次加入,每次加入後都以劃圓般地混拌約20次。至粉類完全消失,產生光澤即可。

3 將**2**的1/2份量倒入模型中,擺放1/2份量的柑橘果瓣,再次重覆步驟。入鍋蓋上鍋蓋,用大火蒸約25分鐘。

4 刺入的竹籤沒有蘸上任何材料時,即已完成。之後連同烤盤紙一起取出,置於網架上冷卻。

[note]

・優格的酸香十分明顯,不需瀝去水份。

GALETTE BRETONNE
布列塔尼酥餅

格紋和濃郁的奶油風味，令人印象深刻的
布列塔尼糕點。
「Galette」是「烘烤成圓形」的意思，
在此使用磅蛋糕模，烘烤成長方形。
搭配組合奶油和水果成為甜塔！

布列塔尼酥餅→ p.56

甜塔風格的布列塔尼酥餅→ p.57

布列塔尼酥餅

以布列塔尼著名的海鹽，呈現出鹹味就是重點。

【材料與事前準備】

奶油（無鹽）…90g
　▶回復常溫
鹽…2g
糖粉…60g
蛋黃…1顆（20g）＋適量
　▶1顆回復常溫後攪散，刷塗用的適量蛋黃也攪散
蘭姆酒…3g
A
┌ 低筋麵粉…80g
└ 杏仁粉…15g

＊將烤盤紙舖入模型（→ p.7）。
＊在恰到好處的時機，連同烤盤一起以180℃預熱。

[note]

・ 若可購得發酵奶油（無鹽）更好。

・ 鹽若能使用布列塔尼著名的給宏德（Guérande）海鹽更適合。

・ 放入保存容器內，常溫保存。可保存10天。

1　在缽盆中放入奶油和鹽，邊過篩糖粉邊加入缽盆中。用橡皮刮刀摩擦般混拌至完全融合。

2　蛋黃1顆分三次加入，每次加入後都混拌至完全融合。倒入蘭姆酒混拌。

3　混合A，過篩同時加入。刮刀縱向切拌三次後，單手邊轉動缽盆，邊由底部大動作翻起地混拌，此步驟為1組，以此混拌動作重覆約30次。至粉類完全消失就OK了。

4　在撒有手粉（份量外）的烤盤紙上ⓐ放3ⓑ，以另一張烤盤紙夾起，用擀麵棍擀成1cm的厚度ⓒ，放入冷藏室靜置3小時。

5　切成符合模型底部的大小ⓓⓔ，以毛刷適量刷塗蛋黃ⓕ，以叉子描繪出紋路ⓖ。放入模型中ⓗ，以預熱後降溫至170℃的烤箱，烘烤約30分鐘（其餘的麵團以同樣方式處理，也可放入鋁箔紙做成的模型中一起烘烤ⓘ）。

6　表面確實呈現烘烤色澤時，即完成。連同模型一起取出，置於網架上ⓙ，降溫後，連同烤盤紙一起取出，放涼。

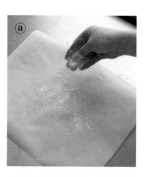 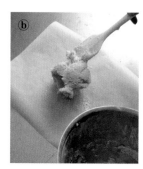

手粉是高筋麵粉。撒在紙上以避免麵團沾黏。　放上麵團。

刷塗蛋黃可以使烘烤出的成品具有光澤，也能讓紋路更清晰漂亮。　以叉子前端繪出格紋，描繪個人喜好的紋路也可以。

甜塔風格的布列塔尼酥餅

用打發鮮奶油和當季水果就能簡單搭配變化。

【材料與事前準備】

布列塔尼酥餅 … 1片
草莓打發鮮奶油
　鮮奶油（乳脂肪成分36%）… 50g
　草莓果醬 … 20g
草莓 … 適量
　▶切成2～4等分
美國櫻桃 … 適量
　▶縱向劃入對切成2，去核
藍莓 … 適量
薄荷葉 … 適量

1　製作草莓打發鮮奶油。在缽盆中放入鮮奶油和草莓果醬，在缽盆底部墊放冰水並用攪拌器打發。待變得濃稠，舀起時尖角略微向下垂的程度即OK（七分打發）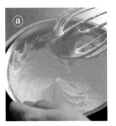。

2　用湯匙舀取1的草莓打發鮮奶油擺放在布列塔尼酥餅上稍微推開，擺放草莓、櫻桃、藍莓、薄荷葉。

[note]

· 這是一道還原在巴黎享用過的糕點。打發鮮奶油的果醬、擺放的水果可依個人喜好調整。

為避免過硬，請有意識地將鮮奶油打發成滑順的口感。

用湯匙舀入，以匙背推平延展。

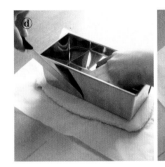
從麵團中央往外擀，再由中央處朝自己均勻擀壓。不時整型成長方形。

靜置麵團後，吻合模型底部用刀子裁切成長方形。

描繪紋路的表面朝上，放入模型。

略微整形，再擀壓成1cm厚，若過於柔軟，可放入冷藏略為靜置。刷塗蛋黃，描繪紋路，用鋁箔紙做成相應的模型後放入。

完成烤焙後，若立刻由模型取出很容易破碎，因此放至降溫再取出。

CHEESECAKE

起司蛋糕

本書介紹稱為「Baked」簡單的起司蛋糕食譜。
只要將材料圈狀地混拌，極為簡單，推薦給初學者。
奶油起司200g，正好可以製作1個18cm磅蛋糕模型的起司蛋糕。

基本

蘭姆葡萄的烤起司蛋糕 → p.60

焦糖蘋果的烤起司蛋糕 → p.61

蘭姆葡萄的烤起司蛋糕

不添加配料就是十分美味的蛋糕，在此加入的是成熟風味的蘭姆葡萄乾。
多一道過濾的工夫，就能讓口感變得更加滑順。
除此之外，真的是非常簡單的製作方法，請務必輕鬆地試試看。

【材料與事前準備】

奶油起司…200g
　▶用保鮮膜包覆，以微波爐
　（200W）每次1分鐘微波加熱
　三次，使其柔軟 ⓐ
細砂糖…90g
原味優格（無糖）…100g
　▶用廚房紙巾包覆，放入架
　在缽盆的網篩內。用容器等
　重物壓放，置於冷藏室約1小
　時，瀝乾水份，成為50g ⓑ
全蛋…1顆（50g）
　▶回復常溫
蛋黃…1顆（20g）
　▶回復常溫

鮮奶油（乳脂肪成分36%）…100g
蘭姆酒…5g
低筋麵粉…15g
蘭姆葡萄乾
　葡萄乾…50g
　　▶澆淋熱水後瀝乾水份
　蘭姆酒…20g
　　▶混合後放置30分鐘以上

＊將烤盤紙舖入模型（→ p.7），用
　鋁箔紙雙層包覆底部及側面 ⓒ
＊在恰到好處的時機，連同烤盤一
　起以180℃預熱。

1 在缽盆中放入奶油起司，用橡皮刮刀混拌至軟
硬度均勻。

2 依序加入細砂糖、優格、全蛋、蛋黃，每次加
入後都用攪拌器摩擦般混拌至完全融合。加入
鮮奶油和蘭姆酒，混拌至完全融合。

3 邊過篩低筋麵粉邊加入缽盆中，以劃圓方式混
拌至粉類完全消失 ⓓ。

4 以萬用網篩將材料過濾至另一個缽盆中 ⓔ。

5 在模型中撒入1/2份量的蘭姆葡萄乾，放入 4
的1/2份量 ⓕ。再次重覆相同的步驟。放入預
熱後降溫至170℃的烤箱烤約45分鐘。

6 待表面鼓脹起來，刺入的竹籤上蘸有少許柔軟
起司蛋糕時，即已完成。連同模型在網架上放
涼，用保鮮膜包覆置於冷藏室一晚冷卻 ⓖ。

7 用熱水濕濕的布巾溫熱模型外側 ⓗ，連同烤盤
紙一起取出。

[note]

· 若在意蘭姆葡萄乾的苦味，可以在與蘭姆
酒混合後，放入鍋中略為煮至沸騰。

· 在 6 的步驟中，若刺入的竹籤沾有濃稠的
麵糊時，要放回烤箱中，邊視情況邊以5分
鐘為單位追加烘烤。

· 用保鮮膜包覆，置於冷藏室保存。可保存
4天。

焦糖蘋果的烤起司蛋糕

藉由焦糖化增加蘋果的甜度，也更添香氣。

【材料與事前準備】

焦糖蘋果
- 細砂糖 … 50g
- 水 … 20g
- 蘋果 … 1顆
  ▶削皮切成1.5cm塊狀

奶油起司 … 200g
▶用保鮮膜包覆，以微波爐（200W）每次1分鐘微波加熱三次，使其柔軟

細砂糖 … 80g

原味優格（無糖）… 100g
▶用廚房紙巾包覆，放入架在缽盆的網篩內。用容器等重物壓放，置於冷藏室約1小時，瀝乾水份，成為50g

全蛋 … 1顆（50g）
▶回復常溫
蛋黃 … 1顆（20g）
▶回復常溫
鮮奶油（乳脂肪成分36%）… 100g
檸檬汁 … 5g
低筋麵粉 … 15g

＊將烤盤紙舖入模型（→ p.7），用鋁箔紙雙層包覆底部及側面ⓒ
＊在恰到好處的時機，連同烤盤一起以180℃預熱。

[note]
・蘋果建議使用「紅玉」品種。

1. 製作焦糖蘋果。在平底鍋中放入細砂糖和水，無需攪拌地用中火加熱。待細砂糖融化一半左右，晃動平底鍋，使其均勻受熱至完全融化。

2. 待略呈色後，加入蘋果，用橡皮刮刀邊混拌邊熬煮。變成深濃焦糖色，蘋果變軟後ⓐ，倒至方型淺盤放涼，即完成焦糖蘋果。

3. 與「蘭姆葡萄的烤起司蛋糕」步驟 **1**～**7** 相同。步驟 **2** 以添加檸檬汁取代蘭姆酒。步驟 **5** 的蘭姆葡萄乾改成 2 的焦糖蘋果。

呈現這樣的顏色，是最恰到好處的狀態。在加入蘋果時，焦糖會一度變得凝固，但利用蘋果的水份將其逐漸溶化，因此不用擔心。

避免受熱不均，用低功率分三次加熱。置於常溫軟化也OK，若是以堅硬狀態混拌，會影響口感，軟化至手指可輕易按壓凹陷的柔軟度。

若瀝水後少於50g，請倒回瀝出的乳清，進行調整。

是柔軟的麵糊，因此為避免漏出，以鋁箔紙包覆底部及側面。

粉類份量較少，因此一次全部加入也OK。

用橡皮刮刀按壓過濾。

略瀝去蘭姆葡萄乾的汁液後撒放，接著倒入麵糊。

放涼後置於冷藏室冷卻凝固。此時仍保持包覆著鋁箔紙的狀態也沒關係。

除去鋁箔紙，用熱水濡濕擰乾的布巾或毛巾，包捲蛋糕模外側，約10秒使其溫熱後，較容易脫模。

巴斯克風格起司蛋糕

特徵是表面的烘烤色澤，口感比烤起司蛋糕更綿密。
用磅蛋糕模製作時，高溫短時間烘焙就是秘訣。

【材料與事前準備】

奶油起司⋯200g
　▶ 用保鮮膜包覆，以微波爐
　（200W）每次1分鐘微波加熱三
　次，使其柔軟
細砂糖⋯70g
全蛋⋯2顆（100g）
　▶回復常溫
蛋黃⋯1顆（20g）
　▶回復常溫
鮮奶油（乳脂肪成分36%）⋯200g
低筋麵粉⋯20g

＊將烤盤紙舖入模型（→ p.7），用
　鋁箔紙雙層包覆底部及側面。
＊在恰到好處的時機，連同烤盤一
　起以230℃預熱。

1 在缽盆中放入奶油起司，用橡皮刮刀混拌至軟硬度均勻。

2 細砂糖分三次加入，每次加入後都用攪拌器摩擦般混拌至完全融合。

3 依序加入1顆雞蛋、蛋黃、鮮奶油，每次加入後都摩擦般混拌至完全融合。

4 邊過篩低筋麵粉邊加入缽盆中，以劃圓方式混拌至粉類完全消失。

5 以萬用網篩將材料過濾至另一個缽盆中。

6 模型中倒入**5**，放入預熱後降溫至220℃的烤箱烤約25分鐘。

7 待表面呈現烘烤色澤，刺入的竹籤蘸有少許柔軟起司蛋糕時，即已完成。連同模型在網架上放涼，包覆保鮮膜後，置於冷藏室一晚冷卻。

8 用熱水濡濕擰乾的布巾溫熱模型外側，連同烤盤紙一起取出。

[note]

・將巴斯克小酒館著名的起司蛋糕加以
　變化，較一般的烤起司蛋糕更高溫、
　短時間烘烤，並確實烘烤出表面的
　烤色。

TERRINE DE CHOCOLAT

巧克力法式凍糕

提到「Terrine」印象中都是作爲前菜，端出的肉或魚類料理，
但近幾年，即使在日本也常可見到用巧克力製作的凍糕。
最能夠品嚐出巧克力的醇濃風味，與柔和口感。
技術上也不困難，不容易失敗的配方，非常推薦情人節製作。

基本

巧克力法式凍糕 → p.66

洋梨巧克力法式凍糕→p.67

巧克力法式凍糕

基本上是在融化巧克力與奶油中添加食材混拌就能完成。
巧克力的溫度不能過高或過低，
只要留意各階段避免空氣進入，混拌融合就能毫無問題地完成。

【材料與事前準備】

糕點用巧克力（甜味）…150g
奶油（無鹽）…100g
　　▶回復常溫
上白糖…50g
全蛋…3個（150g）
　　▶回復常溫攪散
可可粉…5g＋適量

＊將烤盤紙舖入模型（→ p.7），用鋁箔紙雙層包覆底部及側面。
＊在方型淺盤中舖放廚房紙巾。
＊在恰到好處的時機，連同烤盤一起以180℃預熱。
＊煮沸隔水加熱用的熱水（份量外）冷卻至50℃。

1 在缽盆中放入巧克力和奶油，邊隔水加熱（約70℃）邊用橡皮刮刀混拌至融化ⓐ。

2 加入上白糖，用攪拌器摩擦般混拌至完全融合。

3 雞蛋分三次加入，每次加入後都摩擦般混拌至全體融合ⓑ。

4 停止隔水加熱，過篩5g的可可粉加入ⓒ，以劃圓般的動作混拌約1分鐘。至粉類完全消失，產生光澤即可。

5 將4倒入模型，放入方型淺盤，注入深2cm的熱水ⓓ，放入預熱的烤箱烤約20分鐘。

6 待表面凝固後，刺入的竹籤上蘸有少許柔軟巧克力時，即已完成ⓔ。連同模型在網架上放涼，包覆保鮮膜ⓕ置於冷藏室一夜冷卻。

7 用熱水濡濕擰乾的布巾溫熱模型外側ⓖ，連同烤盤紙一起取出。以茶葉濾網篩上適量的可可粉ⓗ。

[note]

・巧克力使用 Cocoa Barry 糕點專用的甜味巧克力。只要是甜味巧克力，也能使用自己喜歡的種類替換。可可成分也可依個人喜好選擇。

・用熱水溫熱刀子，可以更容易分切。

・用保鮮膜包覆後，置於冷藏室保存。可保存4天。

洋梨巧克力法式凍糕

用焦糖化的洋梨增添甜味及微苦的風味。

【材料與事前準備】

焦糖洋梨
- 上白糖…20g
- 洋梨（罐頭、切半）…2片（100g）

糕點用巧克力（甜味）…150g

奶油（無鹽）…100g
- ▶回復常溫

上白糖…50g

全蛋…3個（150g）
- ▶回復常溫攪散

可可粉…5g

百里香…3枝

＊將烤盤紙舖入模型（→ p.7），用鋁箔紙雙層包覆底部及側面。
＊在方型淺盤中舖放廚房紙巾。
＊在恰到好處的時機，連同烤盤一起以180℃預熱。
＊煮沸隔水加熱用的熱水（份量外）冷卻至50℃。

[note]

・當然用新鮮洋梨製作也可以。將焦糖化的洋梨塊斜斜地擺放，更能增加視覺上的美觀。

1　製作焦糖洋梨。在平底鍋撒入上白糖，擺放洋梨，以中火加熱。待加熱至兩面呈現烤色時ⓐ，放至方型淺盤冷卻，橫向切成2mm的厚度。

2　與「巧克力法式凍糕」的步驟 **1** ～ **7** 相同。步驟 **5** 倒入巧克力糊後，放入1的焦糖洋梨和百里香。步驟 **7** 不需篩可可粉。

罐頭洋梨藉由焦糖化，使其產生獨特的香氣與柔軟度，更容易與巧克力糊融合。

奶油是冰冷狀態時，巧克力會先融化，因此請使用放置成室溫狀態的奶油。

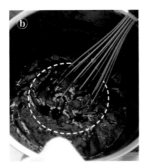

加入雞蛋容易分離，因此分三次添加，使其確實融合。

一次加入全部的可可粉，混拌至全體融合，產生光澤。

隔水烘烤可以完成口感潤澤的成品。要注意避免溢出熱水，將淺盤移入烤盤內，烤箱若有上下層，請放置在下層烘烤。

表面雖然凝固，但中央仍呈現晃動狀態最理想。表面若未凝固時，再放回烤箱視其狀態，以5分鐘為單位追加烘烤。

冷卻時，保持包覆鋁箔紙的狀態也沒關係。

除去保鮮膜和鋁箔紙，用熱水濡濕擰乾的布巾或毛巾，包覆外側，約10秒溫熱後，較容易脫模。

篩可可粉前撕去烤盤紙。

莓果白巧克力法式凍糕

有著甘甜奶香的白巧克力
搭配莓果和奶油起司的酸香，呈現清新風味。
莓果可以用草莓等其他的種類，即使單一種也很美味。

【材料與事前準備】

糕點用巧克力（白巧克力）⋯150g
奶油起司⋯100g
　▶回復常溫
鮮奶油（乳脂肪成分36%）⋯100g
全蛋⋯3個（150g）
　▶回復常溫攪散
低筋麵粉⋯15g
冷凍覆盆子⋯40g
冷凍藍莓⋯20g
防潮糖粉⋯適量

＊將烤盤紙舖入模型（→ p.7），用鋁
　箔紙雙層包覆底部及側面。
＊在方型淺盤中舖放廚房紙巾。
＊在恰到好處的時機，連同烤盤一
　起以170℃預熱。
＊煮沸隔水加熱用的熱水（份量外）
　冷卻至50℃。

1 在缽盆中放入巧克力、奶油起司、鮮奶油，邊隔水加熱（約70℃）邊用橡皮刮刀混拌至融化。

2 停止隔水加熱，雞蛋分三次加入，每次加入後都摩擦般混拌至全體融合。

3 過篩低筋麵粉加入其中，以劃圓般的動作混拌約1分鐘。至粉類完全消失，產生光澤即可。

4 將**3**的1/2份量倒入模型中，撒上覆盆子和藍莓，放入其餘的**3**。移入方型淺盤，注入深2cm的熱水，以預熱的烤箱烤約35分鐘。

5 待表面凝固，以手指按壓時具有彈性，刺入的竹籤上蘸有少許柔軟巧克力的程度，即已完成。連同模型在網架上放涼，包覆保鮮膜置於冷藏室一晚冷卻。

6 用熱水濕濕的布巾溫熱模型外側，連同烤盤紙一起取出。除去烤盤紙，上下翻面，用茶葉濾網篩上糖粉。

[note]

· 白巧克力過度加熱會導致分離，因此融化後就可以停止隔水加熱。

· 白巧克力不容易凝固，因此需烘烤較長時間。當**5**仍有濃稠的材料沾黏在竹籤時，邊視其狀況邊以約5分鐘為單位追加烘烤。

BROWNIE

布朗尼

發源於美國，簡單就能製作、
隨時都能享用的烘烤點心。
原本都是烘烤成扁平的方形，
當然用磅蛋糕模來製作也沒問題。
可以添加各種食材，變化組合的優點，
是很適合 DIY 的糕點。

基本

堅果布朗尼 → p.72

鹽味焦糖布朗尼→ p.73

【 基本 】

堅果布朗尼

口感豐富又飽足的經典正統布朗尼。
與其他使用較多粉類的烘烤點心不同的地方在於：
刺入竹籤略有蛋糕沾黏，就代表烘烤完成。
爲了保留巧克力濃郁的風味，需要下點工夫。

【 材料與事前準備 】

糕點用巧克力（甜味）…75g
奶油（無鹽）…40g
　▶回復常溫
細砂糖…60g
全蛋…1顆（50g）
　▶回復常溫攪散
A
┌ 低筋麵粉…35g
└ 可可粉…15g

核桃（烤焙過）…20g＋10g
　▶20g切成粗粒
胡桃（烤焙過）…10g
杏仁果（烤焙過）…10g
綠開心果…5g

＊將烤盤紙舖入模型（→ p.7）。
＊在恰到好處的時機，連同烤盤
　一起以180℃預熱。

1 在缽盆中放入巧克力和奶油，邊隔水加熱（約
70℃）邊用橡皮刮刀混拌至融化ⓐ。

2 停止隔水加熱，加入細砂糖，用攪拌器摩擦般
混拌至完全融合。

3 雞蛋分三次加入，每次加入後都摩擦般混拌至
全體融合ⓑ。

4 混合 A，過篩同時加入ⓒ，以劃圓的動作混拌
約20次。至粉類完全消失，產生光澤ⓓ，加
入20g核桃，用橡皮刮刀大動作混拌約5次ⓔ。

5 將**4**放入模型中，平整表面，擺放10g核桃、
胡桃、杏仁果、綠開心果ⓕ。放入預熱後降溫
至170℃的烤箱烤約25分鐘。

6 刺入的竹籤蘸上少許蛋糕屑的程度，即完成
ⓖ。連同烤盤紙一起取出，置於網架上冷卻ⓗ。

[note]

· 巧克力使用可可成分55%左右的商品。

· 堅果使用個人喜好的也 OK。未烤焙過的堅
果，先放入以150℃預熱的烤箱烤約15分鐘
後冷卻。

· 用保鮮膜包覆後，常溫保存。可保存4天。

鹽味焦糖布朗尼

抹在表面脆口的鹽味焦糖醬，令人愉悅的口感！

【材料與事前準備】

鹽味焦糖醬
- 細砂糖…50g
- 水…20g
- 鹽…1小撮
- 鮮奶油（乳脂肪成分36%）…25g

糕點用巧克力（甜味）…75g

奶油（無鹽）…40g
- ▶回復常溫

細砂糖…60g

全蛋…1顆（50g）
- ▶回復常溫攪散

A
- 低筋麵粉…35g
- 可可粉…15g

＊將烤盤紙舖入模型（→ p.7）
＊在恰到好處的時機，連同烤盤一起以180℃預熱。

1　製作鹽味焦糖醬。在小鍋中放入細砂糖、水和鹽，不需攪拌的用中火加熱。待細砂糖溶至一半左右，晃動平底鍋，使其均勻受熱至完全溶化。

2　待成為深濃焦糖色時熄火，加入鮮奶油，用橡皮刮刀充分混拌ⓐ，移至耐熱容器內冷卻，即完成鹽味焦糖醬。

3　與「堅果布朗尼」的步驟 **1**～**6** 相同。步驟 **4** 和 **5**，核桃等堅果類都不加。麵糊放入模型、平整表面後，將2的焦糖倒在中央，用竹籤較粗的一端劃出小圓般地混拌約10次ⓑ，烘烤。

[note]
- 鹽味焦糖醬若從一開始就用橡皮刮刀混拌，細砂糖會結塊，請務必多加注意。

加入鮮奶油時容易噴濺，務必多加注意，待出現濃稠感即可。

焦糖醬遍及麵糊時即可停止劃圈，注意不要過度混拌。

若奶油是冰冷狀態，巧克力會先融化，因此請使用放置成室溫狀態的奶油。

避免雞蛋分離，使用回復常溫的蛋並且分三次加。

使用萬用網篩過篩粉類加入，以防止結塊。

過度混拌會影響膨脹，待粉類融入後，立刻加入核桃。

使用攪拌器會使核桃卡入鋼絲，因此使用橡皮刮刀。

均勻地撒至表面，擺放在一起預熱完成的烤盤上，若烤箱有上下層時，則放入下層烘烤。

竹籤上蘸有黏稠的麵糊時，再放回烤箱視其狀況，以5分鐘為單位追加烘烤。

擺放至網架的同時，撕去烤盤紙。

柳橙肉桂香料布朗迪

用白巧克力製作的布朗尼稱爲布朗迪（Blondie）。
輕盈的口感，凸顯柳橙的酸味和肉桂焦糖脆餅的酥脆，滋味絕妙。

【材料與事前準備】

糕點用巧克力（甜味）…70g

奶油（無鹽）…40g
　　▶回復常溫

細砂糖…40g

全蛋…1顆（50g）
　　▶回復常溫攪散

低筋麵粉…50g

柳橙…1/2個（橫向對半分切）
　　▶薄膜連同果皮一起切除，橫向切成5mm
　　厚的圓片，再切成4等分。

肉桂焦糖脆餅（spéculoos）…10g

＊ 將烤盤紙舖入模型（→ p.7）。
＊ 在恰到好處的時機，連同烤盤一起以180℃
　 預熱

[note]

・ 柳橙一旦殘留薄膜烘烤，會變硬影響口感。

・ 肉桂焦糖脆餅（spéculoos）添加了肉桂、丁
　香等香料的比利時餅乾，商品名是「Lotus
　Biscoff」，也可用個人喜好的市售餅乾或脆
　餅來代用。

1 在缽盆中放入巧克力和奶油，邊隔水加熱（約70℃）
   邊用橡皮刮刀混拌至融化。

2 停止隔水加熱，加入細砂糖，用攪拌器摩擦般混拌至
   完全融合。

3 雞蛋分三次加入，每次加入後都摩擦般混拌至全體
   融合。

4 過篩低筋麵粉同時加入缽盆中，以劃圓般的動作混拌
   約20次。至粉類完全消失，產生光澤即可。

5 將4放入模型中，平整表面，排放柳橙，撒上細細敲
   碎的肉桂焦糖脆餅ⓐ。放入預熱後降溫至170℃的烤
   箱烤約40分鐘。

6 刺入的竹籤蘸上少許蛋糕屑的程度，即已完成。連同
   烤盤紙一起取出，置於網架上冷卻。

以肉桂焦糖脆餅取
代奶酥，簡單又非
常適合。

ICE CREAM CAKE

冰淇淋蛋糕

用鮮奶油和優格製作的冰淇淋蛋糕。
這樣類型的蛋糕在法國較少見，
但在熱浪來襲的日本，
各式各樣受到歡迎的冰涼糕點，
最適合盛夏的生日蛋糕。

粉紅葡萄柚
薄荷冰淇淋蛋糕→ p.78

巧克力
冰淇淋蛋糕→ p.79

粉紅葡萄柚
薄荷冰淇淋蛋糕

優格與水果的酸味，共譜出後韻爽口清新的滋味。

【材料與事前準備】

打發鮮奶油
　│ 鮮奶油（乳脂肪成分36%）…150g
　│ 細砂糖…15g
原味優格（無糖）…300g
　▶用廚房紙巾包覆，放入架在缽盆的網篩
　　內。用容器等重物壓放，置於冷藏室約1小
　　時，瀝乾水份，成為150g ⓐ
細砂糖…75g
粉紅葡萄柚…1顆
　▶薄薄地切去上下兩端，薄膜連同果皮一起
　　縱向切除，用刀子劃入薄膜與果肉間，取出
　　每片果瓣，分切成3等分。
柳橙…1顆
　▶與粉紅葡萄柚同樣分切
薄荷葉…20片
　▶切成細絲
長崎蛋糕（市售）…適量
　▶薄薄地切除有烤色的表面，切成1cm厚 ⓑ

＊將烤盤紙舖入模型（→ p.7）

[note]

・冷凍室取出放至略略溶化後享用最美味。

1　製作打發鮮奶油。在缽盆中放入鮮奶油和
　　細砂糖，在缽盆底部墊放冰水並同時以手
　　持電動攪拌機高速打發約3分30秒。舀起
　　時，會沈重掉落的程度即可（八分打發）
　　ⓒ。

2　在另外的缽盆中放入優格和細砂糖，用攪
　　拌器摩擦般混拌至完全融合。

3　將1的打發鮮奶油分二次加入，每次加入
　　後，都單手邊轉動缽盆，邊用橡皮刮刀由
　　底部大動作翻起地混拌全體約20次ⓓ。待
　　全體融合後，加入粉紅葡萄柚、柳橙、薄
　　荷葉，大動作混拌4〜5次。

4　將3倒入模型中，平整表面，將長崎蛋糕
　　切成吻合模型的形狀排放貼合ⓔ。包覆保
　　鮮膜，在冷凍室中靜置約5小時冷凍凝固。

5　在模型底部浸泡熱水約3秒後ⓕ，連同烤
　　盤紙一起取出，長崎蛋糕面朝下地盛盤。

確實瀝去水份，變成像茅
屋起司（cottage cheese）般
的質地。

蛋糕會成為底部，分切成
吻合模型的大小，也可以
在擺放前才切。

打成略硬的打發鮮奶油。

巧克力冰淇淋蛋糕

使用了大量的牛奶巧克力，濃醇且滑順的蛋糕。

【材料與事前準備】

糕點用巧克力（牛奶）…100g
鮮奶油（乳脂肪成分36%）…200g
　　▶ 使用前10分鐘才從冰箱取出
杏桃乾…50g
　　▶ 切成5mm的小丁
杏仁果（烤焙過）…50g
　　▶ 切成粗粒
巧克力豆…50g
長崎蛋糕（市售）… 適量
　　▶ 薄薄地切除有烤色的表面，切成1cm厚

＊將烤盤紙舖入模型（→ p.7）

[note]

· 步驟1要注意避免巧克力燒焦。加熱時每隔
30秒取出，用橡皮刮刀混拌即可。

· 步驟2溫熱時用手持電動攪拌機混拌，會容
易產生分離，因此請放至冷卻後再以攪拌器
混拌。

1 在耐熱缽盆中放入巧克力，不包覆保鮮膜
地以微波爐加熱約1分鐘30秒，加熱至
50℃使其融化。分三次加入鮮奶油，每次
加入後都用攪拌器混拌至全體融合。

2 在缽盆底部墊放冰水並同時混拌使其冷
卻，再改以手持電動攪拌器高速打發約2
分30秒。舀起時，會沈重掉落的程度即可
（八分打發）。

3 加入杏桃乾、杏仁果、巧克力豆，單手邊
轉動缽盆，邊用橡皮刮刀由底部大動作翻
起地混拌全體約10次。

4 將**3**倒入模型中，平整表面，將長崎蛋糕
切成吻合模型的形狀，排放貼合。包覆保
鮮膜，在冷凍室中靜置約5小時冷凍凝固。

5 在模型底部浸泡熱水約3秒後，連同烤盤
紙一起取出，長崎蛋糕面朝下地盛盤。

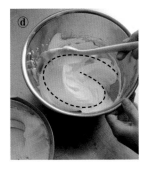

打發鮮奶油分二次加入，
使其融合。

長崎蛋糕大小各有不同，
因此以能覆蓋表面切成適
當的形狀，排放貼合。

將底部浸泡熱水鬆動後，
就容易脫模了。

CRÈME CARAMEL

焦糖布丁

經常出現在法國小酒館的餐後甜點就是焦糖布丁。
被稱作「Crème caramel」廣受喜愛。
是一款可以享受雞蛋醇濃風味、紮實口感的配方。
相較於一般的焦糖布丁，烘烤成更大的成品，
所以要慢慢烤熟，才能作出滑順的口感。

基本

卡士達焦糖布丁→ p.82

布丁百匯 → p.83

基本

卡士達焦糖布丁

使用大量雞蛋，豪奢的卡士達焦糖布丁。

以磅蛋糕模烘烤時，因爲具有高度，因此調整成略硬的配方，也需要較長時間受熱。

相較於使用蒸鍋，焦糖布丁更不容易出現孔洞，可以說幾乎不會失敗。

【材料與事前準備】

焦糖醬
　│ 細砂糖 … 50g
　└ 水 … 20g
全蛋 … 3個（150g）
　▶回復常溫
蛋黃 … 2顆（40g）
　▶回復常溫
細砂糖 … 80g
牛奶 … 400g
香草莢醬
（Vanilla Bean Paste）… 2g

＊ 用毛刷在模型內側刷塗沙拉油（份量外）ⓐ，用鋁箔紙包覆底部和側面。
＊ 在方型淺盤內舖放烤盤紙。
＊ 在恰到好處的時機，連同烤盤一起以150℃預熱。
＊ 煮沸隔水加熱用的熱水（份量外）冷卻至50℃。

1 製作焦糖醬。在小鍋中放入細砂糖和水，不需動作地用中火加熱。待細砂糖溶至一半左右，晃動鍋子，使其均勻受熱至完全溶化。沸騰後轉爲小火，當變成深濃焦糖色時，倒入模型內流動攤平ⓑ，冷卻。

2 在鉢盆中放入雞蛋和蛋黃，用攪拌器輕輕攪散，加入細砂糖摩擦般混拌約30次，至完全融合。

3 在小鍋中放入牛奶和香草莢醬，用中火煮至即將沸騰。

4 將**3**分三次加入**2**的鉢盆，每次加入後都用攪拌器混拌至全體融合。

5 以萬用網篩過濾至另一個鉢盆中ⓒ。

6 將**5**倒入**1**的模型內，擺在方型淺盤上。注入約深2cm的熱水ⓓ，放入預熱的烤箱烤約40分鐘。

7 待表面凝固，以手指按壓時具有彈性，即已完成。連同模型在網架上放涼，之後一起包覆保鮮膜，置於冷藏室約5小時冷卻凝固。

8 用熱水濡濕的湯匙背面輕壓布丁邊緣一周ⓔ，再以刀子插入布丁的短邊與模型邊緣，形成間隙ⓕ。覆蓋平盤，翻轉倒扣布丁ⓖⓗ取出。

[note]

・ 其餘的蛋白可以冷凍，使用在費南雪（p.30 ～ 32）等。

・ 用保鮮膜包覆，置於冷藏室保存。可保存約3天。

布丁百匯 (Pudding à la mode)

以打發鮮奶油和水果來裝飾。

【材料與事前準備】

卡士達焦糖布丁 … 適量

打發鮮奶油
| 鮮奶油（乳脂肪成分36%）… 50g
| 細砂糖 … 5g

草莓、哈密瓜、鳳梨、柳橙、蘋果 … 各適量
▶ 各切成方便食用的大小

[note]

· 水果選用個人喜好的也 OK。

· 使用「5芒」的星形擠花嘴。

1 製作打發鮮奶油。在缽盆中放入鮮奶油和細砂糖，在缽盆底部墊放冰水並以攪拌器打發。舀起時，會沈重掉落的程度即可（八分打發）。

2 在擠花袋內放入擠花嘴，配合擠花嘴的尺寸切去前端。擠花袋扭轉塞入擠花嘴ⓐ，反折擠花袋ⓑ，填入打發鮮奶油ⓒ，復原反折部分。

3 將卡士達焦糖布丁切成方便享用的大小，盛盤，擠出2打發鮮奶油ⓓ。搭配草莓、哈密瓜、鳳梨、柳橙、蘋果。

裝入擠花嘴，填入打發鮮奶油後將材料集中往擠花嘴方向，扭轉打發鮮奶油上端的擠花袋，輕輕抓握。

用抓握的手輕輕施力擠出打發鮮奶油。

為了容易脫模，刷塗沙拉油備用。在底部和側面覆蓋上鋁箔紙，避免隔水加熱的熱水進入。

趁熱倒入模型中，直接放至冷卻備用。

為了有滑順口感，多一道工夫。

方型淺盤盡量選用較深的。避免熱水溢出連同方型淺盤一起放入烤箱，烤箱中若分上下層，請放置在下層烘烤。

取出時，使布丁與模型間進入空氣。只要將刀子插入短邊即 OK。

 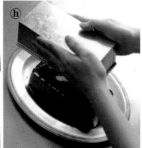

將平盤確實貼合模型，直接翻轉倒扣，注意不要偏移或掉落。

義式焦糖布丁

使用馬斯卡邦起司，有著濃厚紮實口感的焦糖布丁，被稱為 Italian pudding。
喜歡略硬布丁的朋友務必一試！

【材料與事前準備】

焦糖醬
  　細砂糖…50g
  　水…20g
馬斯卡邦起司…100g
細砂糖…80g
全蛋…4個（200g）
  ▶回復常溫
牛奶…200g
鮮奶油（乳脂肪成分36%）…100g

＊用毛刷在模型內側刷塗沙拉油（份
  量外），用鋁箔紙包覆底部和側面。
＊在方型淺盤內舖放廚房紙巾。
＊在恰到好處的時機，連同烤盤一起
  以150℃預熱。
＊煮沸隔水加熱用的熱水（份量外）
  冷卻至50℃。

[note]

· 馬斯卡邦起司冰冷狀態使用也 OK。

1 製作焦糖醬。在小鍋中放入細砂糖和水，不需攪拌的用中火加熱。待細砂糖溶至一半左右，晃動鍋子，使其均勻受熱至完全溶化。沸騰後轉為小火，當變成深濃焦糖色時，倒入模型內流動攤平，冷卻。

2 在缽盆中放入馬斯卡邦起司，用橡皮刮刀混拌至硬度均勻。

3 加入細砂糖，用攪拌器摩擦般混拌至全體融合。逐次加入1顆雞蛋，每次加入後都以摩擦般混拌至全體融合。

4 在小鍋中放入牛奶和鮮奶油，用中火加熱至即將沸騰。

5 將**4**分約三次加入**3**的缽盆，每次加入後都用攪拌器混拌至全體融合。

6 以萬用網篩過濾至另一個缽盆中。

7 將**6**倒入**1**的模型，放至方型淺盤。注入約深2cm的熱水，以預熱的烤箱烤約50分鐘。

8 待表面凝固，以手指按壓中央感覺具彈性時，即已完成。連同模型在網架上放涼，一起包覆保鮮膜，置於冷藏室約5小時冷卻凝固。

9 用熱水濡濕的湯匙背面輕壓布丁邊緣一周，再以刀子插入布丁的短邊與模型邊緣，形成間隙。覆蓋平盤，翻轉倒扣布丁取出。

GELÉE

果凍

〔基本〕

紅色水果與薔薇果的果凍→ p.88

大量水果的果凍，視覺上清涼爽口，最適合夏季的甜點。
請嘗試各種水果的組合。
食譜也傳授讓切面更漂亮的訣竅。

桃子果凍→ p.89

夏季水果的果凍→ p.89

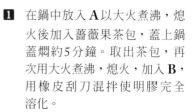

基本

紅色水果與薔薇果的果凍

重點在最初加入少量的果凍液，先冷卻凝固就能呈現美麗外觀。
盛盤時，底部會成為表面，因此儘可能使其成為滑順狀態，不添加水果使其凝固。
中央放入顏色較深濃的藍莓和覆盆子，形成顏色的對比。

[note]

• 模型不需事前準備。

• 包覆保鮮膜置於冷藏室內。可保存約3天。

【材料與事前準備】

A
水 …400g
細砂糖 …70g
薔薇果（Rose hip）茶
茶包 …2包（5g）

B
粉狀明膠 …10g
冷水 …50g
▶粉狀明膠中淋入冷水，置於冷藏室5分鐘還原 ⓐ
檸檬汁 …10g
草莓 …200g
▶去蒂，縱向切成厚2mm的薄片
冷凍覆盆子 …50g
冷凍藍莓 …50g

1 在鍋中放入 **A** 以大火煮沸，熄火後加入薔薇果茶包，蓋上鍋蓋燜約5分鐘。取出茶包，再次用大火煮沸，熄火，加入 **B**，用橡皮刮刀混拌使明膠完全溶化。

2 移至缽盆中，底部墊放冰水用橡皮刮刀邊混拌邊使其確實冷卻ⓑ，加入檸檬汁，粗略混拌。

3 模型中倒入約5mm深的 **2**，置於冷藏室約10分鐘使其冷卻凝固ⓒ。

4 舖放1/8份量的草莓ⓓ，倒入 **2** 至足以淹蓋草莓的程度ⓔ。之後重覆進行三次相同步驟。層疊舖放覆盆子和藍莓，同樣倒入 **2**。再次舖放1/8份量的草莓，同樣倒入 **2**。之後重覆進行三次相同步驟。表面覆蓋保鮮膜，置於冷藏室約3小時冷卻凝固。

5 用熱水濡濕的布巾溫熱模型周圍ⓕ，再以刀子插入果凍短邊與模型邊緣，形成間隙ⓖ。覆蓋平盤，翻轉倒扣取出果凍ⓗ。

粉狀明膠約是總液體份量的2.2%。若用熱水會導致明膠溶化，因此以冷水還原。

若放置於鍋中直接冷卻很花時間，因此移至缽盆中冷卻。

底部會成為表面，盛盤時為了漂亮的外觀，會先薄薄地倒入果凍液，冷卻凝固備用。

舖放水果後，倒入足以淹蓋水果的果凍液，重覆進行。在此是以草莓4層、覆盆子和藍莓1層、草莓4層的順序疊放，可依個人喜好調整。

用熱水濡濕的布巾或毛巾，包裹模型10秒使其溫熱，較容易脫模。

用刀子插入果凍與模型之間，使空氣進入。只要插入短邊即可。

使用較模型大一號的平盤。

桃子果凍

能充分享受白桃果肉口感的奢華果凍。

【材料與事前準備】

白桃（罐頭、切半）…200g＋200g
> ▶200g放入鍋中，以手持式攪拌棒攪打成泥狀 ⓐ。其餘的200g切成8等分的月牙狀

蘋果汁（100%果汁）…200g
細砂糖…30g
A
> 粉狀明膠…10g
> 冷水…50g
> ▶粉狀明膠中淋入冷水，置於冷藏室5分鐘還原

檸檬汁…10g

[note]

· 直立式攪拌棒改用果汁機代用也OK。

1 在白桃果泥的鍋中倒入蘋果汁和細砂糖，用大火煮至沸騰。熄火，加入 **A**，用橡皮刮刀混拌使明膠完全溶化。

2 移至缽盆中，底部墊放冰水用橡皮刮刀邊混拌邊使其確實冷卻，加入檸檬汁，粗略混拌。

3 模型中倒入1/4份量的**2**，排放1/3份量切成月牙狀的白桃ⓑ。重覆進行二次相同步驟。倒入其餘的**2**，表面覆蓋保鮮膜，置於冷藏室約3小時冷卻凝固。

4 用熱水濡濕的布巾溫熱模型周圍，再以刀子插入果凍短邊與模型邊緣，形成間隙。覆蓋平盤，翻轉倒扣取出。

使用白桃果泥狀和片狀2種，可以呈現不同的口感。

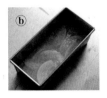

果凍液和白桃交替放入，儘可能不要疊放白桃。

夏季水果的果凍

搭配組合口感各不相同的夏季水果，清新爽口。白酒也可以用蘋果汁代用。

【材料與事前準備】

A
> 水…300g
> 白酒…100g
> 細砂糖…60g
> 柳橙皮…3小片
> 薄荷葉…10片

B
> 粉狀明膠…10g
> 冷水…50g
> ▶粉狀明膠中淋入冷水，置於冷藏室5分鐘還原

檸檬汁…10g

C
> 洋梨（罐頭、切半）…1片（50g）
> ▶切成1cm塊狀

柳橙…小型1顆（100g）
> ▶薄薄地切去上下兩端，薄膜連同果皮一起縱向切除，用刀子劃入薄膜與果肉間，取出果瓣，分切成一半。

冷凍芒果…50g
> ▶切成1cm塊狀

香蕉…1小根（100g）
> ▶切成2cm厚，沾裹檸檬汁10g

薄荷葉…20片

[note]

· 香蕉沾裹檸檬汁以防氧化變色。

· 使用不同水果時，奇異果、鳳梨、木瓜等具有蛋白質分解酵素的水果，會使果凍無法凝固，請避免。

1 在鍋中放入 **A** 以大火煮沸，熄火後取出柳橙皮和薄荷葉。加入 **B**，用橡皮刮刀混拌使明膠完全溶化。

2 移至缽盆中，底部墊放冰水用橡皮刮刀邊混拌邊使其確實冷卻，加入檸檬汁，粗略混拌。

3 模型中倒入約5mm深的**2**，置於冷藏室約10分鐘使其冷卻凝固。

4 儘可能不要疊放地舖放 **C**，倒入**2**至足以淹蓋水果的程度。重覆進行至 **C** 使用完畢為止，最後倒入剩餘**2**的果凍液。表面覆蓋保鮮膜，置於冷藏室約3小時冷卻凝固。

5 用熱水濡濕的布巾溫熱模型周圍，再以刀子插入果凍短邊與模型邊緣，使形成間隙。覆蓋平盤，翻轉倒扣，取出果凍。

MIZUYOKAN

水羊羹

溫暖季節時日式糕點最具代表性的就是水羊羹。

一般都是用羊羹模來製作，但用磅蛋糕模也能簡單完成。

也可以添加果乾，試著挑戰時尚風格的成品。

《 基 本 》　水羊羹 → p.92

抹茶水羊羹 → p.93

基本

水羊羹

使用市售紅豆餡的簡單食譜。
日式糕點不使用明膠而是以寒天製作。
確實煮沸後充分混拌，絕對不會失敗。

【材料與事前準備】

礦泉水 … 300g
寒天粉 … 3g
上白糖 … 20g
紅豆泥餡 … 300g
鹽 … 1 小撮

＊用水濡濕模型內側備用 ⓐ。

寒天粉是以石花菜或江籬屬龍鬚菜（Gracilaria）等海藻為主要原料。彈力雖然不及粉狀明膠，但凝固力強，能完成 Q 彈又滑潤的口感。

1 在鍋中放入礦泉水和寒天粉，用攪拌器混拌至寒天粉溶化。用大火煮至沸騰 ⓑ 轉為小火，邊用橡皮刮刀慢慢混拌邊續煮約 2 分鐘。

2 加入上白糖，混拌使其溶化。分二次加入紅豆泥餡，每次加入後都混拌至融合 ⓒ。

3 用大火煮至略沸騰，再轉為小火，緩慢混拌再熬煮 5 分鐘。熄火，加入鹽混拌。

4 移至缽盆中，底部墊放冰水用橡皮刮刀邊混拌邊使其降溫 ⓓ。

5 將 **4** 倒入模型中 ⓔ，不覆蓋保鮮膜地置於冷藏室約 1 小時使其冷卻凝固。

6 再以刀子插入水羊羹與模型邊緣，沿著周圍劃入一圈，形成間隙 ⓕ。覆蓋方型淺盤 ⓖ 翻轉倒扣，取出水羊羹 ⓗ。

[note]

· 是以水為主角的點心，因此建議不使用自來水改以礦泉水製作。

· 包覆保鮮膜置於冷藏室內。基本可保存約 4 天。

抹茶水羊羹

優雅的白豆沙餡最適合搭配抹茶。

【材料與事前準備】

抹茶粉 …4g
   ▶用30g熱水溶化
礦泉水 …280g
寒天粉 …3g
上白糖 …20g
白豆沙餡 …300g
鹽 …1小撮

＊用水濡濕模型內側備用。

1 在鍋中放入以熱水溶化的抹茶粉，邊少量逐次加入礦泉水，邊用攪拌器混拌至均勻溶化，再加入寒天粉混拌至溶化。用大火煮至沸騰後轉為小火，邊用橡皮刮刀慢慢混拌邊再煮約2分鐘。

2 與「水羊羹」的步驟 **2** ～ **6** 相同。步驟 **2** 用白豆沙餡取代紅豆泥餡加入。

[note]

• 抹茶粉容易結塊，因此用熱水溶化，再少量逐次地加入礦泉水使其均勻。

為方便脫模先用水濡濕備用。

用攪拌器混拌，待寒天粉溶化後再加熱。熬煮時用橡皮刮刀邊混拌邊加熱。

為了使紅豆泥餡容易融合而分次加入，沒有結塊即可。

若放置於鍋中直接冷卻很花時間，因此移至缽盆。降溫至沒有熱氣即可。要注意一旦過度冷卻會一下子就凝固。

並非完成冷卻的狀態，因此不需要保鮮膜也 OK。放置1小時以上，確實冷卻會更美味。

以刀子插入水羊羹與模型之間，一旦空氣進入較容易取出。

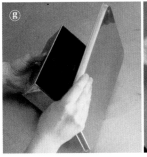

也可以用略大的平盤取代方型淺盤。若無法順利取出時，可以再次插入刀子使空氣進入。

無花果水羊羹

無花果存在感十足的水羊羹。
意外地與粒狀紅豆餡絕配，可窺見令人驚艷，新日式糕點的魅力。
份量十足最推薦切薄片享用。

【材料與事前準備】

礦泉水 …300g
寒天粉 …3g
上白糖 …20g
粒狀紅豆餡 …300g
鹽 …1小撮
無花果乾 …100g
　▶ 用熱水澆淋、瀝乾ⓐ，切成4等分
核桃（烤焙過）…20g
　▶ 切成粗粒

＊ 用水濡濕模型內側備用。

1　在鍋中放入礦泉水和寒天粉，用攪拌器混拌至寒天粉溶化。用大火煮至沸騰後轉為小火，邊用橡皮刮刀慢慢混拌邊續煮約2分鐘。

2　加入上白糖，混拌使其溶化。分二次加入粒狀紅豆餡，每次加入後都混拌至融合。

3　用大火煮至略沸騰，再轉為小火，緩慢混拌並熬煮5分鐘。熄火，加入鹽混拌。

4　移至缽盆中，底部墊放冰水用橡皮刮刀邊混拌邊使其降溫。

5　將4的1/2份量倒入模型中，擺放無花果乾和核桃ⓑ。倒入其餘的4，平整表面，不覆蓋保鮮膜地置於冷藏室約1小時，使其冷卻凝固。

6　以刀子插入水羊羹與模型邊緣，沿著模型周圍劃入一圈，形成間隙。覆蓋方型淺盤，翻轉倒扣取出水羊羹。

[note]

・配料以澀皮煮栗子或杏桃乾等製作，也很美味。

為了與食材融合，先用熱水澆淋還原。

均勻擺放，完成後分切時配料也能均勻呈現。

Joy Cooking

萬年不敗！1個模型就能做「無敵美味棒蛋糕」

作者　加藤里名

翻譯　胡家齊

出版者 / 出版菊文化事業有限公司　P.C. Publishing Co.

發行人　趙天德

總編輯　車東蔚

文案編輯　編輯部

美術編輯　R.C. Work Shop

台北市雨聲街 77 號 1 樓

TEL：（02）2838-7996　　FAX：（02）2836-0028

法律顧問　劉陽明律師　名陽法律事務所

初版日期　2022 年 1 月

定價　新台幣 340 元

ISBN-13：9789866210815　　書　號　J147

請連結至以下表單填寫讀者回函，將不定期的收到優惠通知。

讀者專線　（02）2836-0069

www.ecook.com.tw

E-mail　service@ecook.com.tw

劃撥帳號　19260956 大境文化事業有限公司

萬年不敗！1個模型就能做「無敵美味棒蛋糕」

加藤里名 著

初版 . 臺北市：出版菊文化

2022　96 面；19×26 公分

（Joy Cooking 系列；147）

ISBN-13：9789866210815

1. 點心食譜　　427.16　　110016570

STAFF

烹調輔助	加藤綾子、森本成美
攝影	三木麻奈
造型	駒井京子
設計	高橋朱里、菅谷真理子
	（マルサンカク）
文字	佐藤友惠
校閱	安藤尚美、河野久美子
編集	小田真一
攝影協力	UTUWA